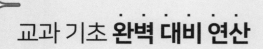
교과 기초 **완벽 대비 연산**

교과**셈**
교과
수학의
시작

3·1

초등

3학년 1학기

교과셈

책을 내면서

연산은 교과 학습의 시작

효율적인 교과 학습을 위해서 반복 연습이 필요한 연산은 미리 연습되는 것이 좋습니다. 교과 수학을 공부할 때 새로운 개념과 생각하는 방법에 집중해야 높은 성취도를 얻을 수 있습니다. 새로운 내용을 배우면서 반복 연습이 필요한 내용은 학생들의 생각을 방해하거나 학습 속도를 늦추게 되어 집중해야 할 순간에 집중할 수 없는 상황이 되어 버립니다. 이 책은 교과 수학 공부를 대비하여 공부할 때 최고의 도움이 되도록 했습니다.

원리와 개념을 익히고 반복 연습

원리와 개념을 익히면서 연습을 하면 계산력뿐만 아니라 상황에 맞는 연산 방법을 선택할 수 있는 힘을 키울 수 있고, 교과 학습에서 연산과 관련된 원리 학습을 쉽게 이해할 수 있습니다. 숫자와 기호만 반복하는 경우에 수 연산 관련 문제가 요구하는 내용을 파악하지 못하여 계산은 할 줄 알지만 식을 세울 수 없는 경우들이 있습니다. 수학은 결과뿐 아니라 과정도 중요한 학문입니다.

사칙 연산을 넘어 반복이 필요한 전 영역 학습

사칙 연산이 연습이 제일 많이 필요하긴 하지만 도형의 공식도 연산이 필요하고, 대각선의 개수를 구할 때나 시간을 계산할 때도 연산이 필요합니다. 전통적인 연산은 아니지만 계산력을 키우기 위한 반복 연습이 필요합니다. 이 책은 학기별로 반복 연습이 필요한 전 영역을 공부하도록 하고, 어떤 식을 세워서 해결해야 하는지 이해하고 연습하도록 원리를 이해하는 과정을 다루고 있습니다.

다양한 접근 방법

수학의 풀이 방법이 한 가지가 아니듯 연산도 상황에 따라 더 합리적인 방법이 있습니다. 한 가지 방법만 반복하는 것은 수 감각을 키우는데 한계를 정해 놓고 공부하는 것과 같습니다. 반복 연습이 필요한 내용은 정확하고, 빠르게 해결하기 위한 감각을 키우는 학습입니다. 그럴수록 다양한 방법을 익히면서 공부해야 간결하고, 합리적인 방법으로 답을 찾아낼 수 있습니다.

올바른 연산 학습의 시작은 교과 학습의 완성도를 높여 줍니다. 교과셈을 통해서 효율적인 수학 공부를 할 수 있도록 하세요.

지은이 천종현

1. 교과셈 한 권으로 교과 전 영역 기초 완벽 준비!

사칙 연산을 포함하여 반복 연습이 필요한 교과 전 영역을 다룹니다.

2. 원리의 이해부터 실전 연습까지!

원리의 이해부터 실전 문제 풀이까지 쉽고 확실하게 학습할 수 있습니다.

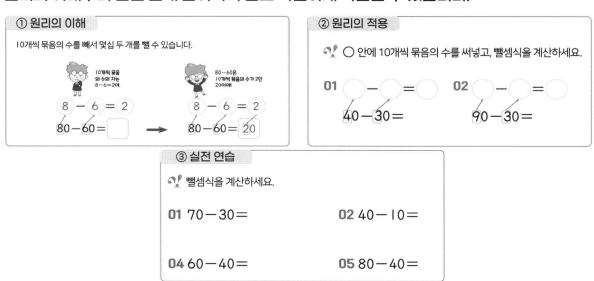

3. 다양한 연산 방법 연습!

다양한 연산 방법을 연습하면서 수를 다루는 감각도 키우고, 상황에 맞춘 더 정확하고 빠른 계산을 할 수 있도록 하였습니다.

뺄셈을 하더라도 두 가지 방법 모두 배우면 더 빠르고 정확하게 계산할 수 있어요!

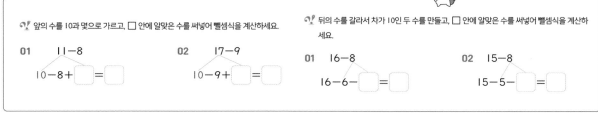

학습 계획

한 권의 교재는 32개 강의로 구성
한 개의 강의는 두 개 주제로 구성
매일 한 강의씩, 또는 한 개 주제씩 공부해 주세요.

☑ **매일 한 개 강의씩 공부한다면 32일 완성 과정**
복습을 하거나, 빠르게 책을 끝내고 싶은 아이들에게 추천합니다.

☑ **매일 한 개 주제씩 공부한다면 64일 완성 과정**
하루 한 장 꾸준히 하고 싶은 아이들에게 추천합니다.

✿ 성취도 확인표, 이렇게 확인하세요!

속도보다는 정확도가 중요하고, 정확도보다는 꾸준한 학습이 중요합니다! 꾸준히 할 수 있도록 하루 학습량을 적절하게 설정하여 꾸준히, 그리고 더 정확하게 풀면서 마지막으로 학습 속도도 높여 주세요!

채점하고 정답률을 계산해 성취도 확인표에 표시해 주세요. 복습할 때 정답률이 낮은 부분 위주로 하시면 됩니다. 한 장에 10분을 목표로 진행합니다. 단, 풀이 속도보다는 정답률을 높이는 것을 목표로 하여 학습을 지도해 주세요!

연계 교과

단원	연계 교과 단원	학습 내용
Part 1 덧셈과 뺄셈	3학년 1학기 · 1단원 덧셈과 뺄셈	· 자리 맞추어 더하기와 세로셈 · 자리 맞추어 빼기와 세로셈 · 몇백을 이용한 덧셈, 뺄셈 **POINT** 자릿수가 높은 덧셈, 뺄셈도 자리를 정확히 맞추어 더하거나 빼고, 받아올림/받아내림을 빠트리지 않고 표시한다면 정확하게 계산할 수 있습니다. 자연수의 덧셈과 뺄셈을 다루는 마지막 단원입니다.
Part 2 나눗셈	3학년 1학기 · 3단원 나눗셈	· 곱셈과 나눗셈의 관계 · 똑같이 덜어내기와 나눗셈 · 똑같은 묶음으로 나누기와 나눗셈 **POINT** 곱셈과 나눗셈의 관계를 정확히 알고 나눗셈의 개념 이해와 충분한 연습으로 기초를 단단히 합니다.
Part 3 곱셈	3학년 1학기 · 4단원 곱셈	· (몇십)×(몇) · (몇십몇)×(몇) · 세로셈으로 곱셈하기 **POINT** 자리를 나누어 곱하는 개념을 확실히 이해한다면 곱셈구구의 확장으로 (두 자리 수)×(한 자리 수)도 계산할 수 있습니다. 단, 받아올림이 있는 경우는 주의해야 합니다.
Part 4 길이와 시간의 계산	3학년 1학기 · 5단원 길이와 시간	· 길이와 시간의 단위 · 길이의 덧셈과 뺄셈 · 시간의 덧셈과 뺄셈 · 오전과 오후가 바뀌는 시간의 덧셈과 뺄셈 **POINT** 단위와 단위 사이의 관계를 정확히 알아야 받아올림/받아내림을 할 수 있고, 길이와 시간을 정확하게 계산할 수 있습니다.

자세히 보기

✿ 원리의 이해

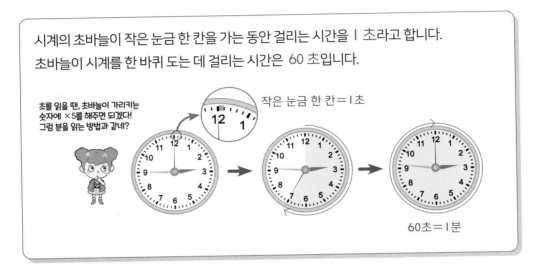

식뿐만 아니라 그림도 최대한 활용하여 개념과 원리를 쉽게 이해할 수 있도록 하였습니다. 또한 캐릭터의 설명으로 원리에서 핵심만 요약했습니다.

✿ 단계화된 연습

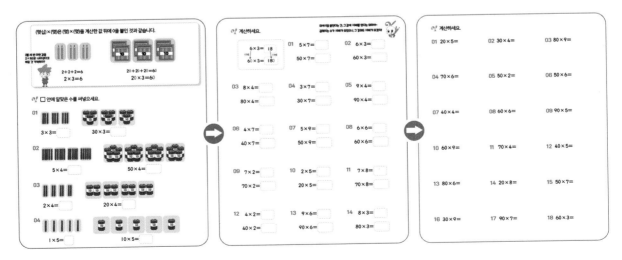

처음에는 원리에 따른 연산 방법을 따라서 연습하지만, 풀이 과정을 단계별로 단순화하고, 실전 연습까지 이어집니다.

✿ 다양한 연습

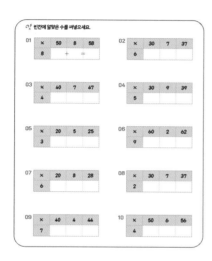
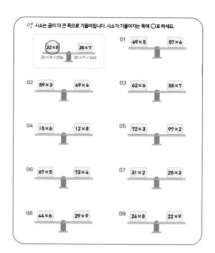

전형적인 형태의 연습 문제 위주로 집중 연습을 하지만 여러 형태의 문제도 다루면서 지루함을 최소화하도록 구성했습니다.

✿ 교과 확인

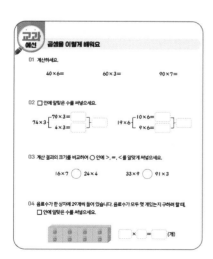

교과 유사 문제를 통해 성취도도 확인하고 교과 내용의 흐름도 파악합니다.

✿ 재미있는 퀴즈

학년별 수준에 맞춘 알쏭달쏭 퀴즈를 풀면서 주위를 환기하고 다음 단원, 다음 권을 준비합니다.

덧셈과 뺄셈

차시별로 정답률을 확인하고, 성취도에 O표 하세요.

😊 80% 이상 맞혔어요.　😟 60%~80% 맞혔어요.　😣 60% 이하 맞혔어요.

차시	단원	성취도
1	자리 나누어 더하기	😊 😟 😣
2	세로셈으로 더하기	😊 😟 😣
3	세로셈 연습	😊 😟 😣
4	몇백을 만들어 더하기	😊 😟 😣
5	자리 나누어 빼기	😊 😟 😣
6	세로셈으로 빼기	😊 😟 😣
7	세로셈 연습	😊 😟 😣
8	몇백을 만들어 빼기	😊 😟 😣
9	가로셈을 세로셈으로	😊 😟 😣
10	덧셈과 뺄셈 연습	😊 😟 😣

세 자리 수를 자리별로 나누어 생각하면 덧셈과 뺄셈 계산을 더 쉽게 할 수 있습니다.

수를 여러 방법으로 쪼개어 세 자리 수의 덧셈을 계산할 수 있습니다.

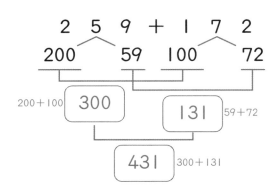

🐛 □ 안에 알맞은 수를 써넣으세요.

01

```
1 2 6 + 9 8 3
```

126+900

1026+83

02

```
7 0 5 + 9 2 6
```

03

```
4 3 8 + 6 3 2
```

04

```
7 6 7 + 7 1 9
```

05

```
7 6 2 + 2 8 5
```

06

```
1 9 2 + 4 7 6
```

07

```
6 9 8 + 7 3 7
```

08

```
1 6 9 + 3 4 6
```

🎯 □ 안에 알맞은 수를 써넣으세요.

01 6 3 8 + 9 4 5
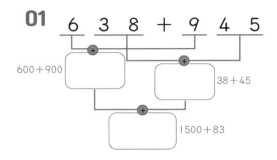
600+900
38+45
1500+83

02 4 3 9 + 5 6 2
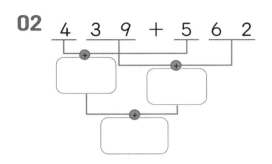

03 2 2 8 + 2 9 0
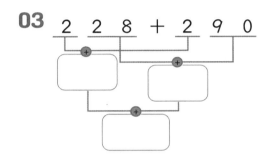

04 9 2 8 + 8 7 6
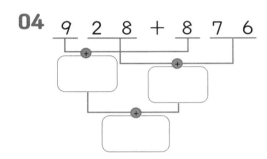

05 1 4 0 + 4 5 9
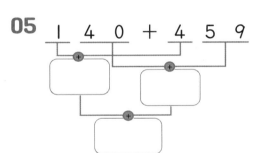

06 5 9 3 + 6 2 6
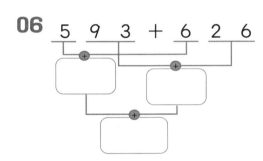

07 3 5 6 + 7 6 5
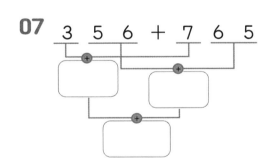

08 2 9 8 + 3 9 4

09 3 7 2 + 6 5 8

10 3 4 6 + 7 7 9
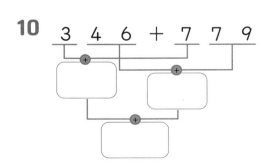

01 B 같은 자리끼리 더한 후, 나온 수를 모두 더해요

백의 자리, 십의 자리, 일의 자리를 각각 더하여 나온 값들을 모두 더합니다.
받아올림이 있는 덧셈도 같은 방법으로 계산합니다.

$$235+242= \boxed{400}^{200+200} + \boxed{70}^{30+40} + \boxed{7}^{5+2}$$

$$= \boxed{477}$$

□ 안에 알맞은 수를 써넣으세요.

528은 500+20+8,
179는 100+70+9로
나타낼 수 있어.

01

$$661 = \quad 600 \mid +60 \mid +1$$
$$+267 = +200 \mid +60 \mid +7$$
$$\boxed{} \leftarrow \boxed{ \mid + \mid +}$$

02

$$528 = \quad 500 \mid +20 \mid +8$$
$$+179 = +100 \mid +70 \mid +9$$
$$\boxed{} \leftarrow \boxed{ \mid + \mid +}$$

03

$$516 = \quad 500 \mid +10 \mid +6$$
$$+347 = +300 \mid +40 \mid +7$$
$$\boxed{} \leftarrow \boxed{ \mid + \mid +}$$

04

$$519 = \quad 500 \mid +10 \mid +9$$
$$+373 = +300 \mid +70 \mid +3$$
$$\boxed{} \leftarrow \boxed{ \mid + \mid +}$$

05

$$593 = \quad 500 \mid +90 \mid +3$$
$$+135 = +100 \mid +30 \mid +5$$
$$\boxed{} \leftarrow \boxed{ \mid + \mid +}$$

06

$$462 = \quad 400 \mid +60 \mid +2$$
$$+317 = +300 \mid +10 \mid +7$$
$$\boxed{} \leftarrow \boxed{ \mid + \mid +}$$

🔔 □ 안에 알맞은 수를 써넣으세요.

01　$285+713=$ ［ $200+700$ ］ $+$ ［ $80+10$ ］ $+$ ［ $5+3$ ］ $=$ ［　］

02　$527+343=$ ［ $500+300$ ］ $+$ ［ $20+40$ ］ $+$ ［ $7+3$ ］ $=$ ［　］

03　$394+664=$ ［　］ $+$ ［　］ $+$ ［　］ $=$ ［　］

04　$157+854=$ ［　］ $+$ ［　］ $+$ ［　］ $=$ ［　］

05　$723+249=$ ［　］ $+$ ［　］ $+$ ［　］ $=$ ［　］

06　$467+738=$ ［　］ $+$ ［　］ $+$ ［　］ $=$ ［　］

07　$662+195=$ ［　］ $+$ ［　］ $+$ ［　］ $=$ ［　］

08　$628+429=$ ［　］ $+$ ［　］ $+$ ［　］ $=$ ［　］

09　$417+742=$ ［　］ $+$ ［　］ $+$ ［　］ $=$ ［　］

10　$578+263=$ ［　］ $+$ ［　］ $+$ ［　］ $=$ ［　］

Ⓐ 자리를 나누어 세로셈으로 더해요

🐰 다음과 같은 방법으로 계산하세요.

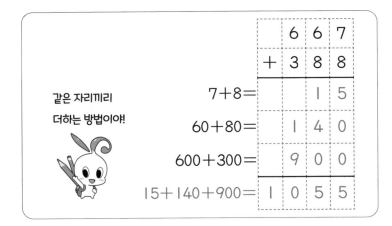

같은 자리끼리
더하는 방법이야!

		6	6	7
	+	3	8	8
$7+8=$			1	5
$60+80=$		1	4	0
$600+300=$	9	0	0	
$15+140+900=$	1	0	5	5

01

		5	2	2
	+	1	4	9
$2+9=$				
$20+40=$				
$500+100=$				

02

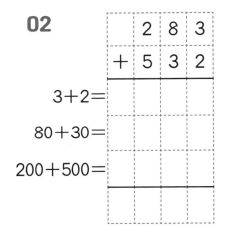

		2	8	3
	+	5	3	2
$3+2=$				
$80+30=$				
$200+500=$				

03

		1	8	3
	+	7	1	6
$3+6=$				
$80+10=$				
$100+700=$				

04

		4	5	9
	+	8	3	6
$9+6=$				
$50+30=$				
$400+800=$				

05

		5	6	5
	+	3	6	8
$5+8=$				
$60+60=$				
$500+300=$				

06

		8	9	1
	+	6	5	9
$1+9=$				
$90+50=$				
$800+600=$				

07

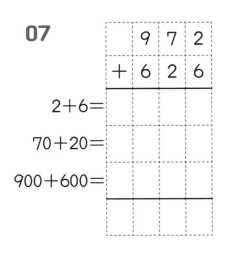

		9	7	2
	+	6	2	6
$2+6=$				
$70+20=$				
$900+600=$				

각 자리 수끼리 더한 값은
자리에 맞게 써야 해!

PART 1

❗ 같은 자리 수끼리 더해서 계산하세요.

01

		1	5	9
	+	4	3	6

9+6=

50+30=   0

100+400=   0   0

02

		3	8	5
	+	9	1	8

5+8=

80+10=

300+900=

03

		5	5	4
	+	2	3	1

04

		3	6	7
	+	3	5	4

05

	4	5	2
+	4	3	6

06

	6	1	8
+	9	4	0

07

	2	7	9
+	1	7	2

08

	5	2	5
+	8	7	5

09

	7	3	8
+	2	6	4

10

	1	5	7
+	1	4	8

11

	8	5	9
+	3	6	6

12

	5	5	1
+	9	6	3

일의 자리부터 차근차근 더해요

일의 자리부터 십의 자리, 백의 자리 순서로 더합니다. 각 자리의 숫자를 더한 값이 10이 넘으면 바로 윗자리로 받아올림하여 계산합니다.

```
    | 
  1 2 9              | |              | |
+ 5 7 3     →      1 2 9     →      1 2 9
─────────         + 5 7 3           + 5 7 3
      2           ─────────         ─────────
  9+3=12              0 2             7 0 2
                  1+2+7=10          1+1+5=7
```

🐛 □ 안에 알맞은 수를 써넣으세요.

01
```
    □ □
  5 4 6
+ 3 5 6
───────
(  )(  )(  )
```

02
```
    □ □
  3 7 5
+ 2 6 8
───────
(  )(  )(  )
```

03
```
    □ □
  1 8 2
+ 7 4 9
───────
(  )(  )(  )
```

04
```
    □ □
  1 9 4
+ 2 1 6
───────
(  )(  )(  )
```

05
```
    □ □
  2 7 6
+ 5 5 6
───────
(  )(  )(  )
```

06
```
    □ □
  4 7 5
+ 4 9 7
───────
(  )(  )(  )
```

07
```
    □ □
  1 3 8
+ 6 9 3
───────
(  )(  )(  )
```

08
```
    □ □
  5 9 9
+ 4 5 1
───────
(  )(  )(  )(  )
```

09
```
    □ □
  2 4 3
+ 4 7 8
───────
(  )(  )(  )
```

계산하세요.

01
```
   5 1 8
+  7 4 5
```

02
```
   2 6 2
+  3 7 5
```

03
```
   2 1 9
+  1 3 0
```

04
```
   4 4 3
+  6 9 4
```

05
```
   3 2 8
+  1 6 8
```

06
```
   6 5 8
+  3 4 5
```

07
```
   8 9 4
+  5 3 5
```

08
```
   1 1 7
+  5 6 5
```

09
```
   9 2 6
+  4 5 3
```

10
```
   4 7 3
+  4 1 6
```

11
```
   1 4 5
+  2 6 5
```

12
```
   4 3 1
+  8 9 9
```

13
```
   4 4 6
+  7 8 7
```

14
```
   5 8 1
+  2 9 1
```

15
```
   5 4 6
+  5 5 8
```

16
```
   8 3 7
+  5 2 7
```

🤔 계산하세요.

01
```
   8 2 8
 + 4 8 5
```

02
```
   7 7 4
 + 2 6 9
```

03
```
   8 5 9
 + 1 7 3
```

04
```
   5 8 2
 + 6 6 8
```

05
```
   3 8 8
 + 8 3 8
```

06
```
   8 3 9
 + 3 8 4
```

07
```
   7 9 6
 + 6 3 5
```

08
```
   3 6 4
 + 7 5 8
```

09
```
   8 3 5
 + 9 6 7
```

10
```
   1 8 9
 + 4 4 4
```

11
```
   5 8 5
 + 2 4 8
```

12
```
   4 6 6
 + 7 5 4
```

13
```
   9 4 9
 + 2 6 1
```

14
```
   6 4 7
 + 5 9 7
```

15
```
   9 7 4
 + 5 2 8
```

16
```
   2 5 5
 + 5 9 8
```

1 PART

계산하세요.

01
$$286 + 939$$

02
$$262 + 182$$

03
$$293 + 888$$

04
$$389 + 641$$

05
$$194 + 478$$

06
$$588 + 356$$

07
$$654 + 387$$

08
$$563 + 651$$

09
$$373 + 170$$

10
$$414 + 182$$

11
$$694 + 738$$

12
$$327 + 184$$

13
$$639 + 477$$

14
$$995 + 328$$

15
$$875 + 645$$

16
$$770 + 624$$

03 B 받아올림한 수를 잊지 말고 더해요

□ 안에 알맞은 수를 써넣으세요.

01
```
   5 4 6
 + 7 5 7
 ───────
```

02
```
   3 1 4
 + 6 9 6
 ───────
```

03
```
   9 6 0
 + 3 8 6
 ───────
```

04
```
   2 9 8
 + 6 6 3
 ───────
```

05
```
   6 2 1
 + 1 9 9
 ───────
```

06
```
   4 3 7
 + 7 5 6
 ───────
```

07
```
   2 0 2
 + 6 8 8
 ───────
```

08
```
   7 9 7
 + 9 2 6
 ───────
```

09
```
   1 7 1
 + 9 5 2
 ───────
```

10
```
   4 6 8
 + 3 9 4
 ───────
```

11
```
   8 3 1
 + 3 3 5
 ───────
```

12
```
   7 2 6
 + 4 8 7
 ───────
```

빈 곳에 두 수의 합을 써넣으세요.

01
7 6 6
3 4 7

02
8 1 3
6 9 5

03
2 8 4
2 6 7

04
3 5 5
9 2 8

05
5 4 9
1 5 2

06
9 6 4
1 9 4

07
1 6 3
4 3 8

08
5 1 9
5 9 9

09
5 7 4
3 3 8

10
6 5 7
7 2 6

11
2 1 9
4 8 4

12
6 4 9
1 9 4

13
5 4 2
6 7 9

14
4 5 7
3 5 6

15
7 3 5
2 7 6

04 Ⓐ 수를 바꾸어 계산해 봐요

더하는 수나 더해지는 수 중 몇백에 가까운 수가 있는 경우에는 그 수를 몇백으로 만들어 계산하면 더 쉽고 빠르게 계산할 수 있습니다.

$$246 + 397 = 246 + 400 - 3$$
$$= 646 - 3$$
$$= 643$$

397은 400보다 3 작은 수니까 400−3 으로 표현할 수 있어!

✏️ □ 안에 알맞은 수를 써넣으세요.

01 3 7 8 ＋ 5 0 4

500 4

02 2 9 4 ＋ 3 5 9

6 300

03 6 9 3 ＋ 1 6 2

7 700

04 5 0 8 ＋ 2 7 5

8 500

05 5 0 6 ＋ 4 3 8

6 500

06 1 7 5 ＋ 4 9 4

500 6

□ 안에 알맞은 수를 써넣으세요.

01
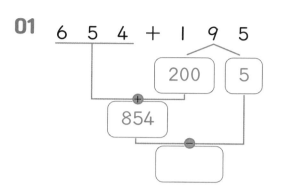

02
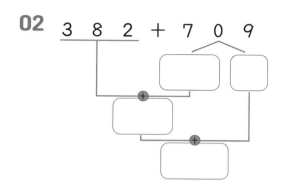

03
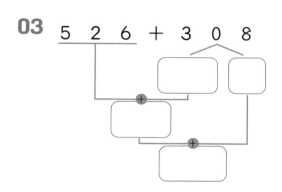

04
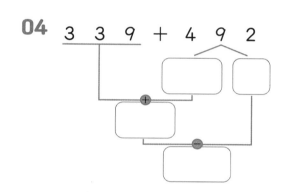

05
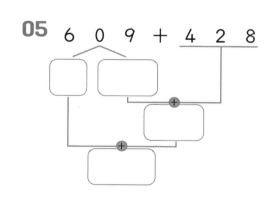

06
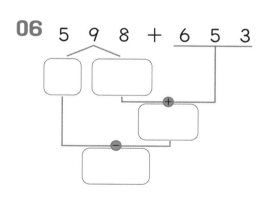

07
3 9 4 + 2 5 8

08
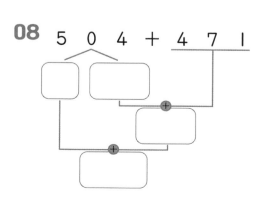

□ 안에 알맞은 수를 써넣으세요.

01 $109 + 457 = \boxed{100} + \boxed{9} + 457$

$\qquad = 557 + \boxed{9}$

$\qquad = \boxed{}$

109는 100보다 9 큰 수니까 100+9로 표현할 수 있어!

02 $368 + 495 = 368 + \boxed{500} - \boxed{5}$

$\qquad = 868 - \boxed{5}$

$\qquad = \boxed{}$

03 $358 + 407 = 358 + \boxed{} + \boxed{}$

$\qquad = 758 + \boxed{}$

$\qquad = \boxed{}$

04 $299 + 665 = \boxed{} - \boxed{} + 665$

$\qquad = 965 - \boxed{}$

$\qquad = \boxed{}$

05 $665 + 305 = 665 + \boxed{} + \boxed{}$

$\qquad = 965 + \boxed{}$

$\qquad = \boxed{}$

06 $592 + 252 = \boxed{} - \boxed{} + 252$

$\qquad = 852 - \boxed{}$

$\qquad = \boxed{}$

07 $502 + 154 = \boxed{} + \boxed{} + 154$

$\qquad = 654 + \boxed{}$

$\qquad = \boxed{}$

08 $272 + 694 = 272 + \boxed{} - \boxed{}$

$\qquad = 972 - \boxed{}$

$\qquad = \boxed{}$

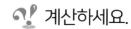
1
PART

♂ 계산하세요.

$$299+971=|271|-|$$
$$\quad\quad\quad\quad =|270$$
300 |

01 $202+539=$
200 2

02 $526+507=$
500 7

03 $528+497=$
500 3

04 $267+408=$

05 $792+469=$

06 $483+294=$

07 $525+109=$

08 $401+279=$

09 $694+284=$

10 $834+607=$

11 $685+591=$

12 $477+195=$

13 $703+449=$

수를 여러 방법으로 쪼개어 세 자리 수의 뺄셈을 계산할 수 있습니다.

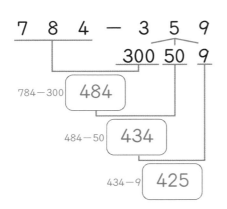

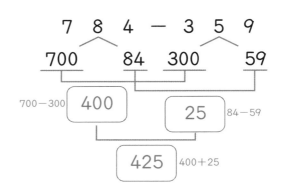

🐰 □ 안에 알맞은 수를 써넣으세요.

01

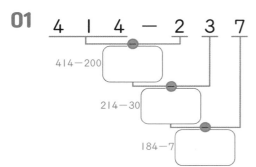

237 = 200 + 30 + 7
= 200 + 37
이라는 것은 알고 있지?

02

03

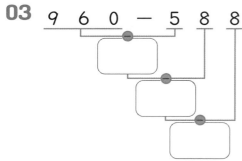

04

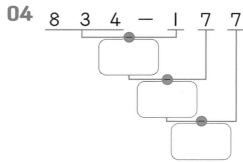

05

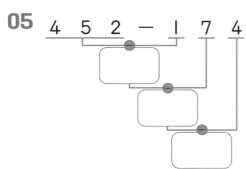

06

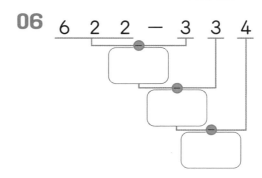

1 PART

🔔 □ 안에 알맞은 수를 써넣으세요.

몇백과 몇십몇끼리
나누어 빼고 그 값을
다시 더해 계산하자!
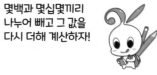

01
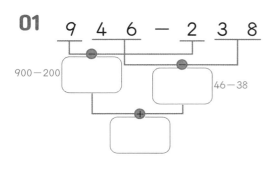

02
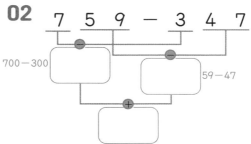

03
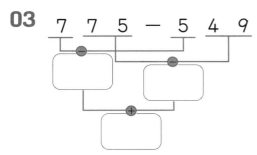

04
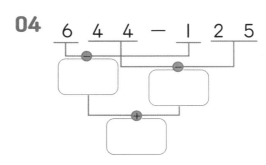

05
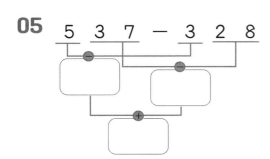

06
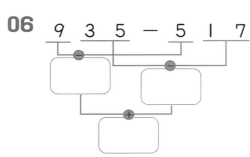

07
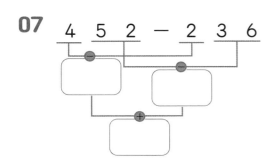

08
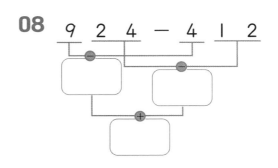

09
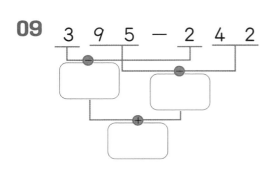

10
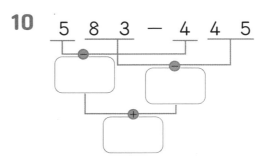

05 B 같은 자리끼리 뺀 후, 나온 수를 모두 더해요

백의 자리, 십의 자리, 일의 자리끼리 각각 빼고 나온 값들을 모두 더합니다.
받아내림이 필요한 경우, 바로 앞자리에서 수를 빌려와 계산합니다.

이 뺄셈에서는
백의 자리에서 십의 자리로
받아내림을 해야 해.

$$
\begin{array}{rcrrr}
5\,2\,7 &=& 4\,0\,0 &+\ 1\,2\,0 &+\ 7 \\
-\ 2\,6\,4 &=& -\ 2\,0\,0 &-\ \ \ 6\,0 &-\ 4 \\
\hline
2\,6\,3 &\leftarrow& 2\,0\,0 &+\ \ \ 6\,0 &+\ 3
\end{array}
$$

⁇ □ 안에 알맞은 수를 써넣으세요.

01
$$
\begin{array}{rcrrr}
4\,1\,9 &=& 3\,0\,0 &+\,1\,1\,0 &+\ 9 \\
-\ 1\,5\,6 &=& -\ 1\,0\,0 &-\ \ 5\,0 &-\ 6 \\
\hline
\boxed{} &\leftarrow& \boxed{} &+ &+
\end{array}
$$

02
$$
\begin{array}{rcrrr}
8\,8\,5 &=& 8\,0\,0 &+\ \ 7\,0 &+\,1\,5 \\
-\ 3\,4\,9 &=& -\ 3\,0\,0 &-\ \ 4\,0 &-\ \ 9 \\
\hline
\boxed{} &\leftarrow& \boxed{} &+ &+
\end{array}
$$

03
$$
\begin{array}{rcrrr}
8\,6\,9 &=& 7\,0\,0 &+\,1\,6\,0 &+\ 9 \\
-\ 2\,8\,2 &=& -\ 2\,0\,0 &-\ \ 8\,0 &-\ 2 \\
\hline
\boxed{} &\leftarrow& \boxed{} &+ &+
\end{array}
$$

04
$$
\begin{array}{rcrrr}
5\,1\,8 &=& 4\,0\,0 &+\,1\,1\,0 &+\ 8 \\
-\ 3\,9\,5 &=& -\ 3\,0\,0 &-\ \ 9\,0 &-\ 5 \\
\hline
\boxed{} &\leftarrow& \boxed{} &+ &+
\end{array}
$$

05
$$
\begin{array}{rcrrr}
7\,2\,9 &=& 6\,0\,0 &+\,1\,2\,0 &+\ 9 \\
-\ 3\,4\,5 &=& -\ 3\,0\,0 &-\ \ 4\,0 &-\ 5 \\
\hline
\boxed{} &\leftarrow& \boxed{} &+ &+
\end{array}
$$

06
$$
\begin{array}{rcrrr}
5\,4\,2 &=& 5\,0\,0 &+\ \ 3\,0 &+\,1\,2 \\
-\ 4\,2\,6 &=& -\ 4\,0\,0 &-\ \ 2\,0 &-\ \ 6 \\
\hline
\boxed{} &\leftarrow& \boxed{} &+ &+
\end{array}
$$

07
$$
\begin{array}{rcrrr}
7\,7\,6 &=& 7\,0\,0 &+\ \ 6\,0 &+\,1\,6 \\
-\ 1\,2\,8 &=& -\ 1\,0\,0 &-\ \ 2\,0 &-\ \ 8 \\
\hline
\boxed{} &\leftarrow& \boxed{} &+ &+
\end{array}
$$

08
$$
\begin{array}{rcrrr}
6\,5\,1 &=& 6\,0\,0 &+\ \ 4\,0 &+\,1\,1 \\
-\ 3\,3\,7 &=& -\ 3\,0\,0 &-\ \ 3\,0 &-\ \ 7 \\
\hline
\boxed{} &\leftarrow& \boxed{} &+ &+
\end{array}
$$

🎵 수를 빌려주는 자리의 숫자에 ◯표 하고, 다음과 같이 계산하세요.

받아내림을 한 후에
수를 빌려준 자리의 숫자는
1만큼 작아지는 것을 잊지 마!

1 PART

5④4 =	500	+ 30	+ 14
− 1 2 7 =	− 1 0 0	− 2 0	− 7
4 1 7 ←	4 0 0	+ 1 0	+ 7

01

4 8 4 =　　　＋　　　＋
− 2 9 1 = −　　　−　　　−
□ ← □ ＋ ＋

02

3 3 9 =　　　＋　　　＋
− 1 5 6 = −　　　−　　　−
□ ← □ ＋ ＋

03

5 8 1 =　　　＋　　　＋
− 3 2 5 = −　　　−　　　−
□ ← □ ＋ ＋

04

5 1 8 =　　　＋　　　＋
− 2 7 3 = −　　　−　　　−
□ ← □ ＋ ＋

05

4 9 2 =　　　＋　　　＋
− 1 3 4 = −　　　−　　　−
□ ← □ ＋ ＋

06

6 7 3 =　　　＋　　　＋
− 2 2 5 = −　　　−　　　−
□ ← □ ＋ ＋

07

7 8 2 =　　　＋　　　＋
− 3 4 7 = −　　　−　　　−
□ ← □ ＋ ＋

08

5 7 3 =　　　＋　　　＋
− 1 5 4 = −　　　−　　　−
□ ← □ ＋ ＋

09

9 3 6 =　　　＋　　　＋
− 5 8 4 = −　　　−　　　−
□ ← □ ＋ ＋

06 Ⓐ 자리를 나누어 세로셈으로 빼요

🎵 다음과 같은 방법으로 계산하세요.

$755 - 338 = 417$

```
    7 5 5
  -     8
    7 4 7
  -   3 0
    7 1 7
  - 3 0 0
    4 1 7
```

일의 자리부터 십의 자리,
백의 자리 순서로 하나씩
빼는 방법이야!

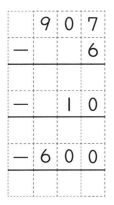

01 $458 - 392 =$

```
    4 5 8
  -     2

  -   9 0

  - 3 0 0
```

02 $382 - 158 =$

```
    3 8 2
  -     8

  -   5 0

  - 1 0 0
```

03 $609 - 413 =$

```
    6 0 9
  -     3

  -   1 0

  - 4 0 0
```

04 $915 - 656 =$

```
    9 1 5
  -     6

  -   5 0

  - 6 0 0
```

05 $760 - 464 =$

```
    7 6 0
  -     4

  -   6 0

  - 4 0 0
```

06 $907 - 616 =$

```
    9 0 7
  -     6

  -   1 0

  - 6 0 0
```

07 $566 - 258 =$

```
    5 6 6
  -     8

  -   5 0

  - 2 0 0
```

08 $258 - 149 =$

```
    2 5 8
  -     9

  -   4 0

  - 1 0 0
```

일의 자리부터
차례대로 빼면서
계산하자!

계산하세요.

01 883−328=

```
      8 8 3
  −       8
  ─────────
  −     2 0
  ─────────
  −   3 0 0
  ─────────
```

02 341−216=

```
      3 4 1
  −       6
  ─────────
  −     1 0
  ─────────
  −   2 0 0
  ─────────
```

03 755−282=

```
      7 5 5
  −       2
  ─────────
  −     8 0
  ─────────
  −   2 0 0
  ─────────
```

04 902−114=

```
      9 0 2
  −       4
  ─────────
  −     1 0
  ─────────
  −   1 0 0
  ─────────
```

05 681−346=

```
      6 8 1
  −       6
  ─────────
  −     4 0
  ─────────
  −   3 0 0
  ─────────
```

06 384−157=

```
      3 8 4
  −       7
  ─────────
  −     5 0
  ─────────
  −   1 0 0
  ─────────
```

07 519−321=

```
      5 1 9
  −       1
  ─────────
  −     2 0
  ─────────
  −   3 0 0
  ─────────
```

08 384−177=

```
      3 8 4
  −       7
  ─────────
  −     7 0
  ─────────
  −   1 0 0
  ─────────
```

09 569−275=

```
      5 6 9
  −       5
  ─────────
  −     7 0
  ─────────
  −   2 0 0
  ─────────
```

06 B 일의 자리부터 차근차근 빼요

일의 자리부터 십의 자리, 백의 자리 순서로 뺍니다.
일의 자리에 받아내림이 필요하면 십의 자리에서 받아내려 계산하고, 십의 자리에 받아내림이
필요하면 백의 자리에서 받아내려 계산합니다.

$$
\begin{array}{cccc}
 & 7 & \overset{0}{\cancel{8}} & \overset{10}{6} \\
- & 5 & 7 & 9 \\
\hline
 & & & 7
\end{array}
\quad 16-9=7
\rightarrow
\begin{array}{cccc}
 & \overset{6}{\cancel{7}} & \overset{10}{\cancel{8}} & \overset{10}{6} \\
- & 5 & 7 & 9 \\
\hline
 & & 3 & 7
\end{array}
\quad 10-7=3
\rightarrow
\begin{array}{cccc}
 & \overset{6}{\cancel{7}} & \overset{10}{\cancel{8}} & \overset{10}{6} \\
- & 5 & 7 & 9 \\
\hline
 & 1 & 3 & 7
\end{array}
\quad 6-5=1
$$

▷ □ 안에 알맞은 수를 써넣으세요.

01
$$
\begin{array}{ccc}
9 & 1 & 7 \\
- 4 & 9 & 8 \\
\end{array}
$$

02
$$
\begin{array}{ccc}
3 & 2 & 0 \\
- 1 & 7 & 5 \\
\end{array}
$$

03
$$
\begin{array}{ccc}
7 & 6 & 3 \\
- 5 & 8 & 5 \\
\end{array}
$$

04
$$
\begin{array}{ccc}
7 & 6 & 2 \\
- 1 & 8 & 9 \\
\end{array}
$$

05
$$
\begin{array}{ccc}
8 & 2 & 1 \\
- 5 & 6 & 7 \\
\end{array}
$$

06
$$
\begin{array}{ccc}
4 & 3 & 4 \\
- 1 & 5 & 6 \\
\end{array}
$$

07
$$
\begin{array}{ccc}
5 & 9 & 3 \\
- 3 & 9 & 6 \\
\end{array}
$$

08
$$
\begin{array}{ccc}
4 & 4 & 4 \\
- 2 & 8 & 5 \\
\end{array}
$$

09
$$
\begin{array}{ccc}
8 & 5 & 6 \\
- 2 & 4 & 7 \\
\end{array}
$$

🐌 계산하세요.

01
```
   8 4 4
 - 3 5 3
```

02
```
   6 1 9
 - 2 5 5
```

03
```
   4 6 0
 - 2 7 1
```

04
```
   4 7 1
 - 1 9 6
```

05
```
   6 2 9
 - 1 6 2
```

06
```
   5 4 4
 - 4 4 8
```

07
```
   8 3 7
 - 6 9 8
```

08
```
   9 4 5
 - 4 7 6
```

09
```
   5 1 2
 - 1 7 4
```

10
```
   7 4 9
 - 3 8 4
```

11
```
   6 1 2
 - 3 9 8
```

12
```
   7 4 3
 - 3 9 1
```

13
```
   8 5 7
 - 2 6 9
```

14
```
   8 1 6
 - 6 3 5
```

15
```
   7 4 3
 - 1 8 9
```

16
```
   5 2 4
 - 2 3 2
```

07 Ⓐ 세로셈 연습
십의 자리에서 빌려 올 수 없을 때는 백의 자리에서 빌려 와요

😊 계산하세요.

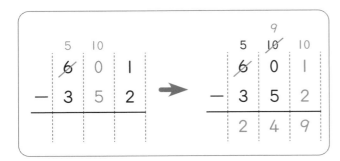

백의 자리에서 십의 자리로
10을 빌려 와서 다시 일의 자리로
수를 빌려주면 십의 자리에는
9만 남게 돼!

01
```
  3 0 8
- 2 2 9
```

02
```
  5 0 7
- 2 3 9
```

03
```
  4 0 2
- 1 4 5
```

04
```
  9 0 1
- 3 2 7
```

05
```
  5 0 6
- 2 5 9
```

06
```
  4 0 4
- 1 4 9
```

07
```
  9 0 7
- 1 6 8
```

08
```
  6 0 2
- 4 2 9
```

09
```
  7 0 3
- 5 5 5
```

10
```
  5 0 5
- 1 4 7
```

11
```
  6 0 3
- 3 2 8
```

12
```
  8 0 4
- 4 7 6
```

13
```
  4 0 1
- 2 2 3
```

😊 계산하세요.

01
$$
\begin{array}{r}
7\ 3\ 0 \\
-\ 4\ 3\ 5 \\
\hline
\end{array}
$$

02
$$
\begin{array}{r}
7\ 0\ 2 \\
-\ 3\ 1\ 6 \\
\hline
\end{array}
$$

03
$$
\begin{array}{r}
3\ 5\ 4 \\
-\ 2\ 8\ 1 \\
\hline
\end{array}
$$

04
$$
\begin{array}{r}
4\ 0\ 1 \\
-\ 1\ 4\ 8 \\
\hline
\end{array}
$$

05
$$
\begin{array}{r}
7\ 9\ 3 \\
-\ 1\ 9\ 4 \\
\hline
\end{array}
$$

06
$$
\begin{array}{r}
3\ 0\ 8 \\
-\ 1\ 3\ 9 \\
\hline
\end{array}
$$

07
$$
\begin{array}{r}
8\ 7\ 1 \\
-\ 4\ 7\ 9 \\
\hline
\end{array}
$$

08
$$
\begin{array}{r}
3\ 0\ 5 \\
-\ 2\ 7\ 7 \\
\hline
\end{array}
$$

09
$$
\begin{array}{r}
6\ 7\ 5 \\
-\ 3\ 9\ 3 \\
\hline
\end{array}
$$

10
$$
\begin{array}{r}
4\ 6\ 4 \\
-\ 1\ 4\ 9 \\
\hline
\end{array}
$$

11
$$
\begin{array}{r}
6\ 0\ 2 \\
-\ 4\ 7\ 9 \\
\hline
\end{array}
$$

12
$$
\begin{array}{r}
5\ 0\ 3 \\
-\ 3\ 8\ 4 \\
\hline
\end{array}
$$

13
$$
\begin{array}{r}
2\ 0\ 4 \\
-\ 1\ 8\ 9 \\
\hline
\end{array}
$$

14
$$
\begin{array}{r}
7\ 0\ 8 \\
-\ 2\ 4\ 3 \\
\hline
\end{array}
$$

15
$$
\begin{array}{r}
6\ 7\ 6 \\
-\ 2\ 1\ 8 \\
\hline
\end{array}
$$

16
$$
\begin{array}{r}
8\ 5\ 5 \\
-\ 6\ 0\ 9 \\
\hline
\end{array}
$$

07 B 받아내림한 수를 정확히 표시하며 계산해요

□ 안에 알맞은 수를 써넣으세요.

01
$$661 - 324 = \boxed{}$$

02
$$374 - 185 = \boxed{}$$

03
$$944 - 198 = \boxed{}$$

04
$$627 - 283 = \boxed{}$$

05
$$853 - 465 = \boxed{}$$

06
$$618 - 457 = \boxed{}$$

07
$$731 - 157 = \boxed{}$$

08
$$392 - 189 = \boxed{}$$

09
$$506 - 277 = \boxed{}$$

10
$$545 - 283 = \boxed{}$$

11
$$558 - 369 = \boxed{}$$

12
$$946 - 658 = \boxed{}$$

🐣 빈 곳에 알맞은 수를 써넣으세요.

01

9 2 1	5 6 2
5 5 2	2 4 7

02

4 2 4	9 0 3
1 6 6	4 5 4

03

7 1 4	8 6 5
3 8 5	1 8 1

04

7 4 6	6 5 4
2 1 7	1 1 8

05

3 4 3	8 4 7
2 2 6	6 5 9

06

9 1 1	4 1 2
2 5 3	2 7 0

07

9 3 8	7 2 9
3 5 9	1 5 2

08

2 2 8	7 0 7
1 7 6	5 3 9

수를 바꾸어 계산해 봐요

빼는 수가 몇백과 가까운 경우에는 빼는 수를 몇백으로 만들어 계산하면 더 쉽고 빠르게 계산할 수 있습니다.

714에서 200을 빼면
원래 빼려고 했던 198보다
2만큼 더 많이 빼는 것이니까
2만큼 다시 더해줘야 해!

$$714-198=714-200+2$$
$$=514+2$$
$$=516$$

✏️ □ 안에 알맞은 수를 써넣으세요.

01   5 4 6 － 3 0 3
           300   3
         ⊖
         ⊖

이 문제에서는 300을
먼저 빼고, 그다음 3을
뺀다고 생각하자!

02   4 8 2 － 2 9 9
           300   1
         ⊖
         ⊕

03   7 4 1 － 5 9 7
           600   3
         ⊖
         ⊕

04   5 6 5 － 3 9 5
           400   5
         ⊖
         ⊕

05   9 4 1 － 6 0 7
           600   7
         ⊖
         ⊖

06   8 3 2 － 2 0 8
           200   8
         ⊖
         ⊖

🎵 □ 안에 알맞은 수를 써넣으세요.

01 7 | 4 − 3 0 8
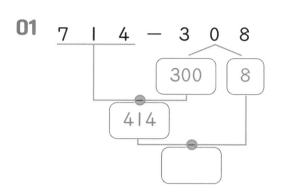

02 4 2 | − 2 9 7
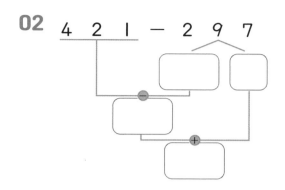

03 4 2 6 − 2 0 9
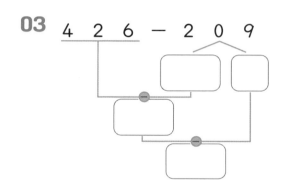

04 8 8 | − 5 0 7
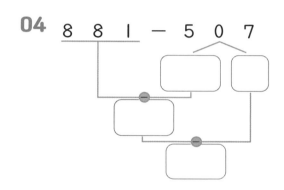

05 6 5 7 − 3 9 5
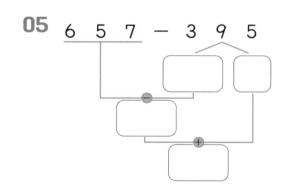

06 8 0 | − 4 0 3
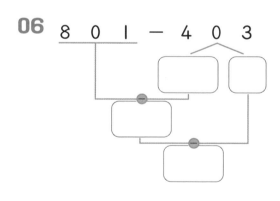

07 8 3 4 − 5 9 6

08 7 5 5 − 4 9 |
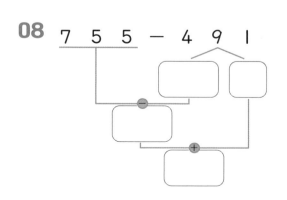

□ 안에 알맞은 수를 써넣으세요.

01 $617 - 508 = 617 - \boxed{500} - \boxed{8}$

빼는 수는 508인데
500을 뺐으니
8만큼 더 빼야
한다는 건 알고 있지?

$\quad\quad\quad\quad = 117 - \boxed{8}$

$\quad\quad\quad\quad = \boxed{}$

02 $461 - 395 = 461 - \boxed{400} + \boxed{5}$

$\quad\quad\quad\quad = 61 + \boxed{5}$

$\quad\quad\quad\quad = \boxed{}$

03 $838 - 492 = 838 - \boxed{} + \boxed{}$

$\quad\quad\quad\quad = 338 + \boxed{}$

$\quad\quad\quad\quad = \boxed{}$

04 $734 - 206 = 734 - \boxed{} - \boxed{}$

$\quad\quad\quad\quad = 534 - \boxed{}$

$\quad\quad\quad\quad = \boxed{}$

05 $425 - 309 = 425 - \boxed{} - \boxed{}$

$\quad\quad\quad\quad = 125 - \boxed{}$

$\quad\quad\quad\quad = \boxed{}$

06 $572 - 196 = 572 - \boxed{} + \boxed{}$

$\quad\quad\quad\quad = 372 + \boxed{}$

$\quad\quad\quad\quad = \boxed{}$

07 $653 - 294 = 653 - \boxed{} + \boxed{}$

$\quad\quad\quad\quad = 353 + \boxed{}$

$\quad\quad\quad\quad = \boxed{}$

08 $833 - 404 = 833 - \boxed{} - \boxed{}$

$\quad\quad\quad\quad = 433 - \boxed{}$

$\quad\quad\quad\quad = \boxed{}$

🧮 계산하세요.

$$639-497=139+3=142$$
$$\underset{500 \quad 3}{\wedge}$$

01 $452-298=$
$$\underset{300 \quad 2}{\wedge}$$

02 $743-506=$
$$\underset{500 \quad 6}{\wedge}$$

03 $462-208=$
$$\underset{200 \quad 8}{\wedge}$$

04 $838-496=$

05 $824-409=$

06 $621-303=$

07 $689-395=$

08 $622-194=$

09 $921-402=$

10 $772-104=$

11 $433-198=$

12 $827-493=$

13 $642-407=$

수를 직접 적어서 세로셈으로 만들어요

◎! 그림을 보고 □ 안에 알맞은 수를 써넣으세요.

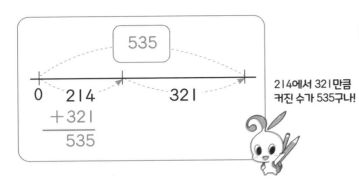

214에서 321만큼 커진 수가 535구나!

01

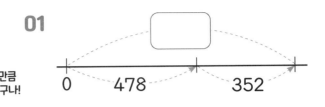

02

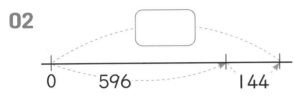

03

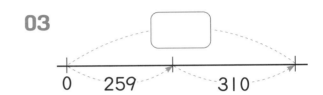

04

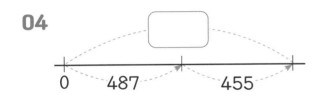

05

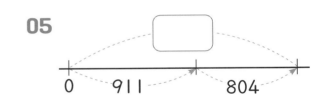

06

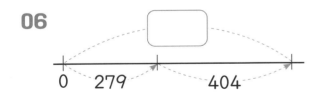

07

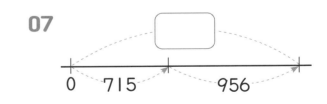

08

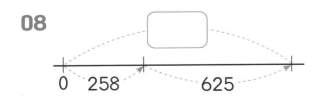

09

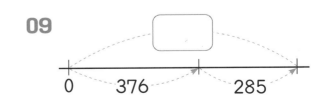

🎵 그림을 보고 빈 곳에 알맞은 수를 써넣으세요.

01
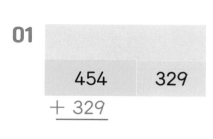
$$+\ 329$$

02
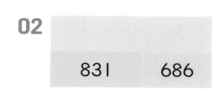

03
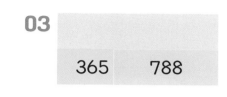

04

05

06

07

08

09

10
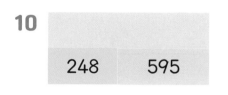

11

12

13
794   108

14
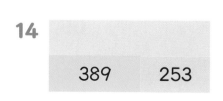

15

그림을 보고 □ 안에 알맞은 수를 써넣으세요.

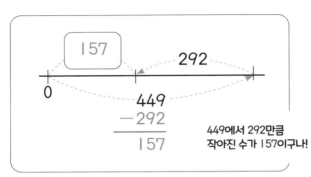

449
−292
157

449에서 292만큼
작아진 수가 157이구나!

01

02
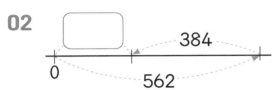

03

04
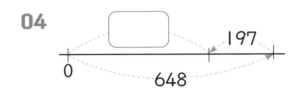

05
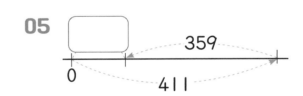

06
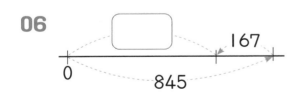

07
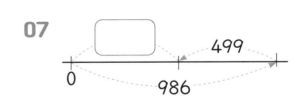

08
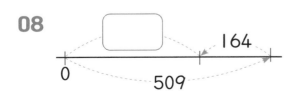

09
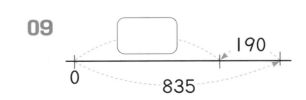

수직선 문제와 같은
방법으로 풀면 돼~!

🐰 그림을 보고 빈 곳에 알맞은 수를 써넣으세요.

01
| 325 | |
| 483 | |

$-\ 325$

02
| 245 | |
| 402 | |

03
| 123 | |
| 892 | |

04
| 412 | |
| 602 | |

05
| 448 | |
| 574 | |

06
| 329 | |
| 835 | |

07
| 397 | |
| 562 | |

08
| 155 | |
| 242 | |

09
| 385 | |
| 712 | |

10
| 458 | |
| 696 | |

11
| 235 | |
| 512 | |

12
| 464 | |
| 792 | |

13
| 388 | |
| 487 | |

14
| 344 | |
| 808 | |

15
| 273 | |
| 910 | |

✏️ 계산하세요.

| 01 | 9 3 2
+ 1 3 8 | 02 | 5 4 5
− 2 7 9 | 03 | 9 2 6
− 4 3 9 | 04 | 2 4 7
+ 9 4 5 |

| 05 | 2 6 8
+ 6 8 4 | 06 | 6 1 7
− 3 2 8 | 07 | 4 5 8
− 2 9 0 | 08 | 5 2 8
+ 5 8 8 |

| 09 | 7 3 6
− 2 9 5 | 10 | 1 5 3
+ 5 6 7 | 11 | 4 2 8
+ 5 1 6 | 12 | 3 0 9
− 1 3 5 |

| 13 | 9 8 1
− 3 8 9 | 14 | 2 9 5
+ 9 6 6 | 15 | 6 4 2
+ 2 3 8 | 16 | 8 4 5
− 3 6 6 |

🔍 그림을 보고 ☐ 안에 알맞은 수를 써넣으세요.

01
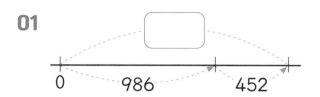

02
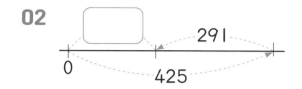

03
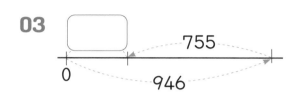

04
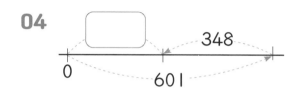

05
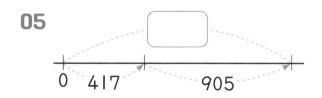

06
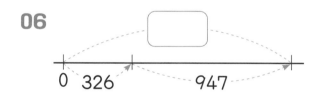

07
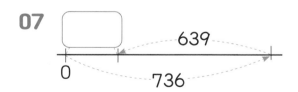

08
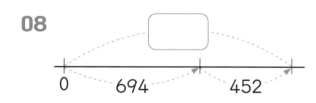

09
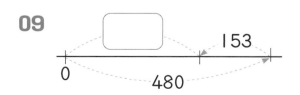

10
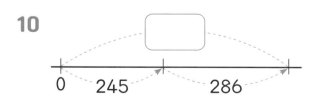

01 수 모형을 보고 계산하세요.

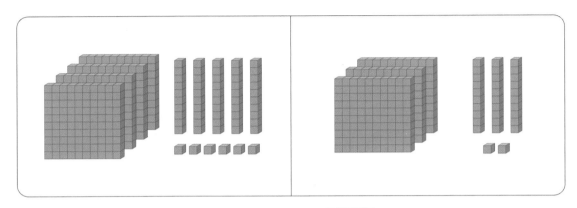

$$456+332= \boxed{}$$

02 계산하세요.

$$\begin{array}{r} 6\ 2\ 9 \\ +\ 3\ 2\ 8 \\ \hline \end{array} \qquad \begin{array}{r} 4\ 2\ 3 \\ -\ 1\ 5\ 7 \\ \hline \end{array} \qquad \begin{array}{r} 7\ 0\ 5 \\ -\ 2\ 2\ 8 \\ \hline \end{array}$$

03 ☐ 안에 알맞은 수를 써넣으세요.

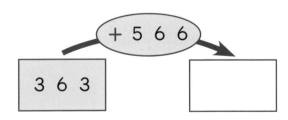

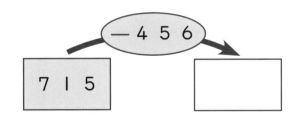

04 계산 결과의 크기를 비교하여 ◯ 안에 >, =, <를 알맞게 써넣으세요.

$$577-219 \ \bigcirc \ 242+109$$

05 세 장의 수 카드에 적힌 수 중에서 가장 큰 수와 가장 작은 수의 차를 구하세요.

752   233   454

답 : _____

06 다음 그림에서 사각형에 있는 수의 합을 구하세요.

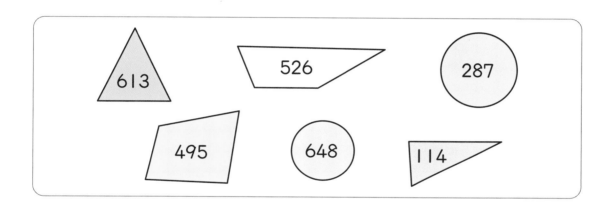

답 : _____

07 어느 빵집에서 어제 하루 동안 620개의 빵을 만들어 423개를 팔았습니다. 어제 팔고 남은 빵은 모두 몇 개일까요?

답 : _____ 개

08 재희는 과일 가게에서 729원짜리 귤 한 개와 963원짜리 사과 한 개를 샀습니다. 재희가 산 과일의 가격은 모두 얼마일까요?

답 : _____ 원

스키테일 암호는 고대 그리스에서 군사적 목적으로 비밀 정보를 교환하기 위해 사용된 암호입니다. 스키테일이라는 원통형 막대에 종이를 감고 가로로 글자를 쓴 후 그 종이를 풀면 문자가 뒤섞여 암호가 만들어지는 원리입니다.

이 암호는 네 글자 간격으로
뛰어서 읽으면 풀 수 있겠는데?

즐을그춰겁추대보게다로세춤가멈요

다음 스키테일 암호를 풀어 보세요.

그럼 이 암호는 몇 글자씩
뛰어서 읽어야 할까?

오린리늘이들은날세어우상

나눗셈

나눗셈은 곱셈을 거꾸로 생각하여 계산할 수 있습니다.

곱셈과 나눗셈은 서로 반대예요

3개씩 5줄로 놓여있는 보석의 개수를 곱셈식으로 나타내면 3×5＝15(개)입니다.

$3 \times 5 = 15$

$15 \div 3 = 5$

나누어지는 수 나누는 수 몫

보석을 3개씩 각각 다른 상자에 나누어 담으려면 필요한 상자의 개수는 5개입니다.
이를 나눗셈식으로 15÷3＝5라 쓰고, 이때 15는 나누어지는 수, 3은 나누는 수, 5는 15를
3으로 나눈 몫이라고 합니다.

🎵 그림을 보고 □ 안에 알맞은 수를 써넣으세요.

01

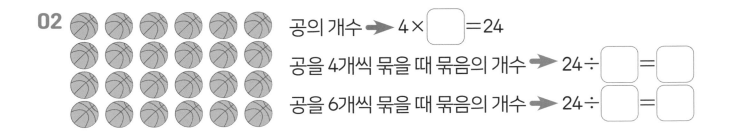

공의 개수 ➡ $3 \times \boxed{} = 21$

공을 3개씩 묶을 때 묶음의 개수 ➡ $21 \div \boxed{} = \boxed{}$

공을 7개씩 묶을 때 묶음의 개수 ➡ $21 \div \boxed{} = \boxed{}$

02

공의 개수 ➡ $4 \times \boxed{} = 24$

공을 4개씩 묶을 때 묶음의 개수 ➡ $24 \div \boxed{} = \boxed{}$

공을 6개씩 묶을 때 묶음의 개수 ➡ $24 \div \boxed{} = \boxed{}$

03

공의 개수 ➡ $3 \times \boxed{} = 18$

공을 3개씩 묶을 때 묶음의 개수 ➡ $18 \div \boxed{} = \boxed{}$

공을 6개씩 묶을 때 묶음의 개수 ➡ $18 \div \boxed{} = \boxed{}$

그림을 보고 ☐ 안에 알맞은 수를 써넣으세요.

01

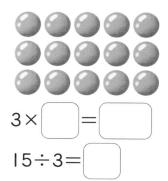

$3 \times \boxed{} = \boxed{}$

$15 \div 3 = \boxed{}$

02

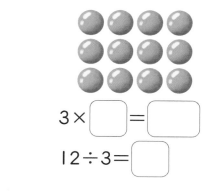

$3 \times \boxed{} = \boxed{}$

$12 \div 3 = \boxed{}$

03

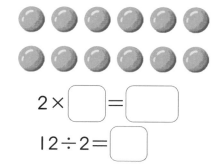

$2 \times \boxed{} = \boxed{}$

$12 \div 2 = \boxed{}$

04

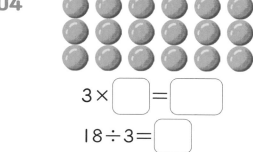

$3 \times \boxed{} = \boxed{}$

$18 \div 3 = \boxed{}$

05

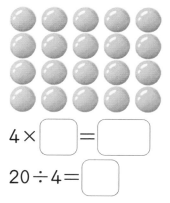

$4 \times \boxed{} = \boxed{}$

$20 \div 4 = \boxed{}$

06

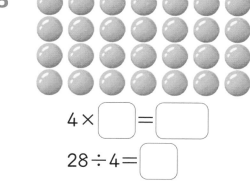

$4 \times \boxed{} = \boxed{}$

$28 \div 4 = \boxed{}$

07

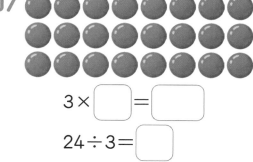

$3 \times \boxed{} = \boxed{}$

$24 \div 3 = \boxed{}$

08

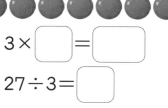

$3 \times \boxed{} = \boxed{}$

$27 \div 3 = \boxed{}$

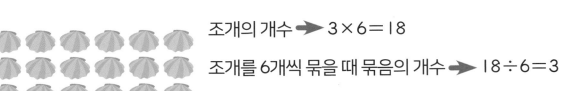

하나의 곱셈식으로 두 개의 나눗셈식을 만들 수 있습니다.

반대로 하나의 나눗셈식으로 두 개의 곱셈식을 만들 수도 있겠다~!

조개의 개수 ➡ $3 \times 6 = 18$

조개를 6개씩 묶을 때 묶음의 개수 ➡ $18 \div 6 = 3$

조개를 3개씩 묶을 때 묶음의 개수 ➡ $18 \div 3 = 6$

곱셈식은 나눗셈식으로, 나눗셈식은 곱셈식으로 바꾸려고 합니다. ☐ 안에 알맞은 수를 써넣으세요.

01

$$8 \times 5 = 40$$

$40 \div 5 = \boxed{}$ $40 \div \boxed{} = 5$

02

$$6 \times 9 = 54$$

$54 \div 6 = \boxed{}$ $54 \div \boxed{} = 6$

03

$$4 \times 8 = 32$$

$\boxed{} \div 8 = \boxed{}$ $\boxed{} \div \boxed{} = 8$

04

$$2 \times 7 = 14$$

$\boxed{} \div 7 = \boxed{}$ $\boxed{} \div 2 = \boxed{}$

05

$$56 \div 7 = 8$$

$8 \times 7 = \boxed{}$ $7 \times \boxed{} = 56$

06

$$36 \div 9 = 4$$

$4 \times 9 = \boxed{}$ $9 \times \boxed{} = 36$

07

$$35 \div 5 = 7$$

$\boxed{} \times 5 = \boxed{}$ $\boxed{} \times 7 = \boxed{}$

08

$$15 \div 5 = 3$$

$\boxed{} \times 5 = \boxed{}$ $\boxed{} \times 3 = \boxed{}$

곱셈식을 이용하여 나눗셈식을 완성하세요.

$3 \times \boxed{7} = 21$

$21 \div 3 = \boxed{7}$

3의 단 곱셈구구에서
곱이 21이 되는 수는
7이야!

01 $\quad 4 \times \boxed{} = 20$

$20 \div 4 = \boxed{}$

02 $\quad \boxed{} \times 6 = 42$

$42 \div 6 = \boxed{}$

03 $\quad \boxed{} \times 3 = 15$

$15 \div 3 = \boxed{}$

04 $\quad \boxed{} \times 5 = 35$

$35 \div 5 = \boxed{}$

05 $\quad 4 \times \boxed{} = 32$

$32 \div 4 = \boxed{}$

06 $\quad 6 \times \boxed{} = 30$

$30 \div 6 = \boxed{}$

07 $\quad 3 \times \boxed{} = 24$

$24 \div 3 = \boxed{}$

08 $\quad \boxed{} \times 9 = 54$

$54 \div 9 = \boxed{}$

09 $8 \times \boxed{} = 64 \rightarrow \boxed{} \div 8 = \boxed{}$

10 $\boxed{} \times 5 = 45 \rightarrow \boxed{} \div 5 = \boxed{}$

11 $\boxed{} \times 4 = 28 \rightarrow \boxed{} \div 4 = \boxed{}$

12 $4 \times \boxed{} = 12 \rightarrow \boxed{} \div 4 = \boxed{}$

13 $\boxed{} \times 8 = 16 \rightarrow \boxed{} \div 8 = \boxed{}$

14 $6 \times \boxed{} = 36 \rightarrow \boxed{} \div 6 = \boxed{}$

같은 수만큼씩 0이 될 때까지 빼요

당근 15개를 하루에 5개씩 먹으면 3일 동안 먹을 수 있습니다.

첫째날　　둘째날　　셋째날

➡ 15에서 5씩 3번 덜어낼 수 있습니다.

➡ 15－5－5－5＝0

➡ 15 나누기 5는 3입니다.

나눗셈의 방법에는 두 가지가 있어! 그중 첫 번째 방법을 먼저 소개할게~

🐿 다람쥐가 매일 같은 개수만큼 도토리를 먹으려고 합니다. 뺄셈식을 보고 나눗셈식을 완성하고, 다람쥐가 도토리를 다 먹으려면 며칠이 걸리는지 구하세요.

01
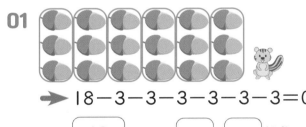

➡ 18－3－3－3－3－3－3＝0

➡ 18 ÷3＝ 6 , [ ] (일)

02
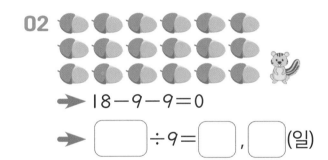

➡ 18－9－9＝0

➡ [ ] ÷9＝ [ ] , [ ] (일)

03
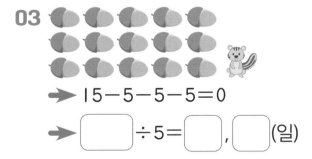

➡ 15－5－5－5＝0

➡ [ ] ÷5＝ [ ] , [ ] (일)

04
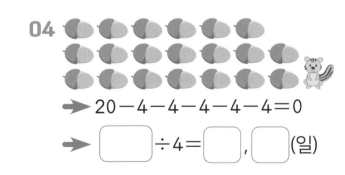

➡ 20－4－4－4－4－4＝0

➡ [ ] ÷4＝ [ ] , [ ] (일)

05
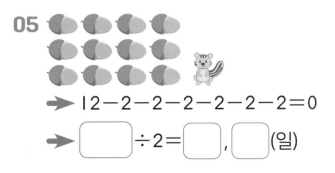

➡ 12－2－2－2－2－2－2＝0

➡ [ ] ÷2＝ [ ] , [ ] (일)

06
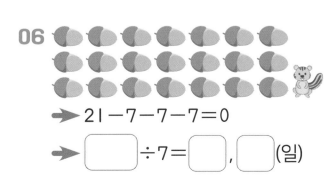

➡ 21－7－7－7＝0

➡ [ ] ÷7＝ [ ] , [ ] (일)

과일을 같은 개수씩 묶어서 판매하려고 합니다. 주어진 개수만큼 묶으면 각각 몇 묶음을 만들 수 있는지 나눗셈식으로 나타내세요.

같은 개수로 몇 번을 빼야 0이 되는지 생각해 보자!

01

4개씩 ➜ 24÷4=☐(묶음)

24−4−4−4−4−4−4=0

6개씩 ➜ 24÷6=☐(묶음)

24−6−6−6−6=0

8개씩 ➜ 24÷8=☐(묶음)

24−8−8−8=0

02

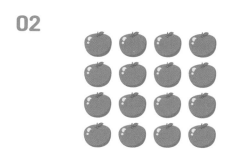

2개씩 ➜ 16÷2=☐(묶음)

4개씩 ➜ 16÷4=☐(묶음)

8개씩 ➜ 16÷8=☐(묶음)

03

3개씩 ➜ 12÷3=☐(묶음)

4개씩 ➜ 12÷4=☐(묶음)

6개씩 ➜ 12÷6=☐(묶음)

04

3개씩 ➜ 18÷3=☐(묶음)

6개씩 ➜ 18÷6=☐(묶음)

9개씩 ➜ 18÷9=☐(묶음)

다음과 같이 막대를 나누고 ☐ 안에 알맞은 수를 써넣으세요.

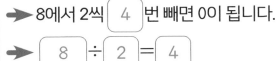

8

→ 8에서 2씩 [4] 번 빼면 0이 됩니다.

→ [8] ÷ [2] = [4]

01

16

→ 16에서 2씩 [ ] 번 빼면 0이 됩니다.

→ [ ] ÷ [ ] = [ ]

02

20

→ 20에서 4씩 [ ] 번 빼면 0이 됩니다.

→ [ ] ÷ [ ] = [ ]

03

15

→ 15에서 3씩 [ ] 번 빼면 0이 됩니다.

→ [ ] ÷ [ ] = [ ]

04

12

→ 12에서 2씩 [ ] 번 빼면 0이 됩니다.

→ [ ] ÷ [ ] = [ ]

05

18

→ 18에서 6씩 [ ] 번 빼면 0이 됩니다.

→ [ ] ÷ [ ] = [ ]

06

21

→ 21에서 3씩 [ ] 번 빼면 0이 됩니다.

→ [ ] ÷ [ ] = [ ]

07

14

→ 14에서 7씩 [ ] 번 빼면 0이 됩니다.

→ [ ] ÷ [ ] = [ ]

🎵 계산하세요.

01 $32 \div 4 =$

02 $81 \div 9 =$

03 $42 \div 6 =$

04 $42 \div 7 =$

05 $16 \div 2 =$

06 $24 \div 8 =$

07 $18 \div 9 =$

08 $21 \div 7 =$

09 $25 \div 5 =$

10 $28 \div 4 =$

11 $48 \div 8 =$

12 $63 \div 9 =$

13 $45 \div 9 =$

14 $20 \div 5 =$

15 $64 \div 8 =$

16 $30 \div 6 =$

17 $12 \div 3 =$

18 $28 \div 7 =$

똑같이 나누어 갖는 방법을 생각해요

사탕 12개를 3명이 똑같이 나누어 가지면 한 명당 4개씩 가질 수 있습니다.

➜ 12를 3묶음으로 나누면 4입니다.

➜ 12를 3으로 나누면 4입니다.

➜ 12 나누기 3은 4입니다.

나눗셈을 하는 두 번째 방법이야~!

여기서 4는 12를 3으로 나눈 '몫'이라는 것을 기억하자!

🎵 그림을 상황에 맞게 나누어 묶고, ☐ 안에 알맞은 수를 써넣으세요.

01

➜ 12를 6묶음으로 나누면 ☐ 입니다.

➜ 12 나누기 6은 ☐ 입니다.

02

➜ 15를 5묶음으로 나누면 ☐ 입니다.

➜ 15 나누기 5는 ☐ 입니다.

03

➜ 10을 2묶음으로 나누면 ☐ 입니다.

➜ 10 나누기 2는 ☐ 입니다.

04

➜ 16을 4묶음으로 나누면 ☐ 입니다.

➜ 16 나누기 4는 ☐ 입니다.

05

➜ 14를 7묶음으로 나누면 ☐ 입니다.

➜ 14 나누기 7은 ☐ 입니다.

😊 친구들이 과자를 똑같이 나누어 먹으려고 합니다. ⬜ 안에 알맞은 수를 써넣으세요.

2 PART

01

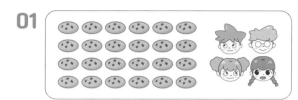

➡️ 나눗셈식 : 24 ÷ 4 = ⬜

➡️ 한 명이 먹을 수 있는 과자 : ⬜ 개

02

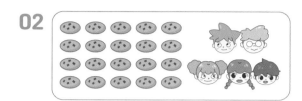

➡️ 나눗셈식 : 20 ÷ 5 = ⬜

➡️ 한 명이 먹을 수 있는 과자 : ⬜ 개

03

➡️ 나눗셈식 : ⬜ ÷ 2 = ⬜

➡️ 한 명이 먹을 수 있는 과자 : ⬜ 개

04

➡️ 나눗셈식 : ⬜ ÷ 6 = ⬜

➡️ 한 명이 먹을 수 있는 과자 : ⬜ 개

05

➡️ 나눗셈식 : ⬜ ÷ ⬜ = ⬜

➡️ 한 명이 먹을 수 있는 과자 : ⬜ 개

06

➡️ 나눗셈식 : ⬜ ÷ ⬜ = ⬜

➡️ 한 명이 먹을 수 있는 과자 : ⬜ 개

07

➡️ 나눗셈식 : ⬜ ÷ ⬜ = ⬜

➡️ 한 명이 먹을 수 있는 과자 : ⬜ 개

08

➡️ 나눗셈식 : ⬜ ÷ ⬜ = ⬜

➡️ 한 명이 먹을 수 있는 과자 : ⬜ 개

다음과 같이 막대를 나누고 ☐ 안에 알맞은 수를 써넣으세요.

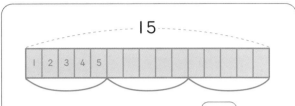

➡ 15를 3묶음으로 나누면 5 입니다.

➡ 15 ÷ 3 = 5

01

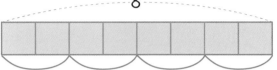

➡ 8을 4묶음으로 나누면 ☐ 입니다.

➡ ☐ ÷ ☐ = ☐

02

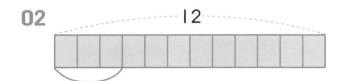

➡ 12를 4묶음으로 나누면 ☐ 입니다.

➡ ☐ ÷ ☐ = ☐

03

➡ 12를 6묶음으로 나누면 ☐ 입니다.

➡ ☐ ÷ ☐ = ☐

04

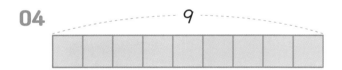

➡ 9를 3묶음으로 나누면 ☐ 입니다.

➡ ☐ ÷ ☐ = ☐

05

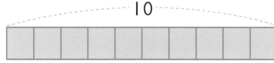

➡ 10을 2묶음으로 나누면 ☐ 입니다.

➡ ☐ ÷ ☐ = ☐

06

➡ 6을 3묶음으로 나누면 ☐ 입니다.

➡ ☐ ÷ ☐ = ☐

07

➡ 16을 4묶음으로 나누면 ☐ 입니다.

➡ ☐ ÷ ☐ = ☐

🔑 계산하세요.

01 $27 \div 9 =$

02 $28 \div 7 =$

03 $28 \div 4 =$

04 $15 \div 3 =$

05 $24 \div 6 =$

06 $40 \div 8 =$

07 $24 \div 8 =$

08 $54 \div 9 =$

09 $49 \div 7 =$

10 $30 \div 5 =$

11 $9 \div 3 =$

12 $42 \div 6 =$

13 $16 \div 8 =$

14 $20 \div 4 =$

15 $72 \div 9 =$

16 $36 \div 6 =$

17 $35 \div 7 =$

18 $16 \div 2 =$

🔍 그림을 보고 나눗셈식을 완성하세요.

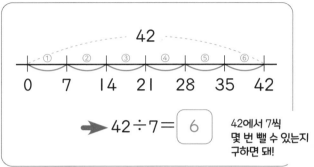

➡ 42÷7= 6

42에서 7씩 몇 번 뺄 수 있는지 구하면 돼!

01
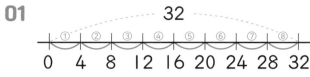

➡ 32÷4=☐

02
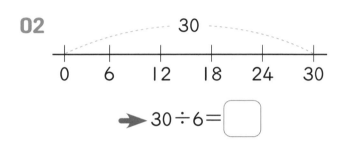

➡ 30÷6=☐

03
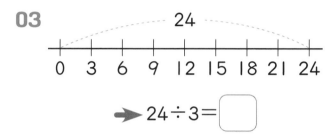

➡ 24÷3=☐

04
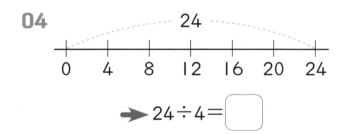

➡ 24÷4=☐

05
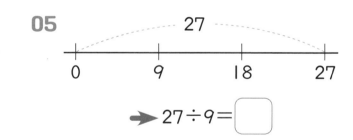

➡ 27÷9=☐

06
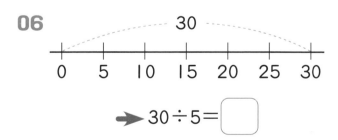

➡ 30÷5=☐

07

➡ 18÷2=☐

08
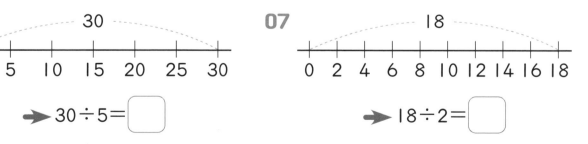

➡ 28÷7=☐

09
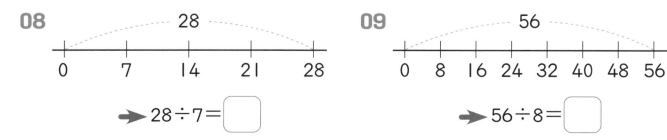
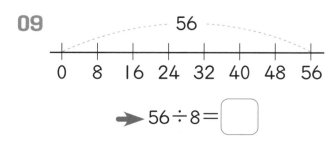

➡ 56÷8=☐

😮 그림을 보고 나눗셈식을 완성하세요.

72를 8묶음으로 나누려면
9씩 묶으면 되네!

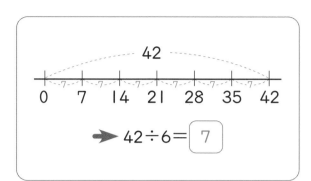

➡️ 42÷6= 7

01

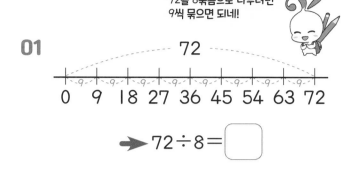

➡️ 72÷8= ☐

02

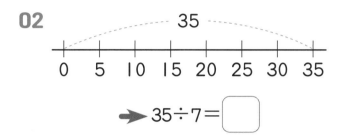

➡️ 35÷7= ☐

03

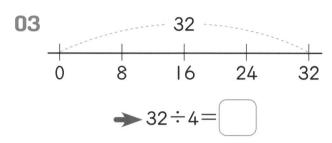

➡️ 32÷4= ☐

04

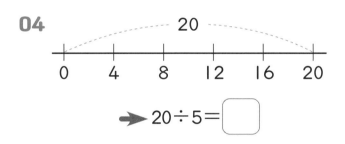

➡️ 20÷5= ☐

05

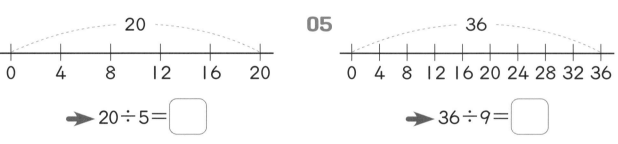

➡️ 36÷9= ☐

06

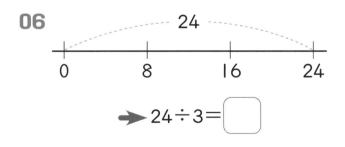

➡️ 24÷3= ☐

07

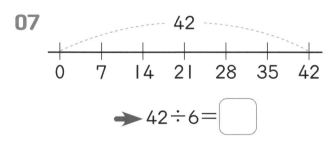

➡️ 42÷6= ☐

08

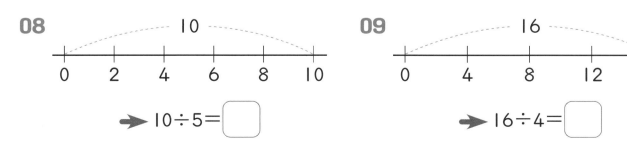

➡️ 10÷5= ☐

09

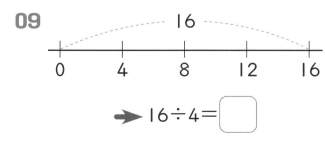

➡️ 16÷4= ☐

2
PART

14 B 곱셈구구를 거꾸로 생각해요

🐰 빈 곳에 알맞은 수를 써넣으세요.

01

÷	3
3	1
27	9
24	
18	
9	

3의 단에서 곱이 3이 되게 하는 수는 1이야!

02

÷	6
54	
24	
36	
12	
42	

03

÷	7
42	
28	
49	
14	
21	

04

÷	4
32	
8	
20	
16	
28	

05

÷	9
72	
27	
63	
36	
54	

06

÷	5
10	
15	
25	
45	
30	

🔍 공장에서 만든 인형 전체를 똑같은 개수씩 상자에 나누어 담으려고 합니다. 상자의 개수가 될 수 있는 수에 모두 ◯표 하세요.

🧸 인형 수 (개)	12			
📦 상자 수 (개)	④	9	③	⑥

곱셈구구에서 곱의 값으로 36을 가지고 있는 단은 몇 단일까?

01

🧸 인형 수 (개)	36			
📦 상자 수 (개)	5	4	9	7

02

🧸 인형 수 (개)	18			
📦 상자 수 (개)	9	2	8	3

03

🧸 인형 수 (개)	56			
📦 상자 수 (개)	9	8	5	7

04

🧸 인형 수 (개)	20			
📦 상자 수 (개)	3	5	4	7

05

🧸 인형 수 (개)	48			
📦 상자 수 (개)	5	6	8	9

06

🧸 인형 수 (개)	24			
📦 상자 수 (개)	7	5	6	8

07

🧸 인형 수 (개)	30			
📦 상자 수 (개)	9	5	4	6

08

🧸 인형 수 (개)	27			
📦 상자 수 (개)	2	3	6	9

09

🧸 인형 수 (개)	42			
📦 상자 수 (개)	8	7	9	6

처음보다 계산이 더 쉽게 느껴지죠?

계산하세요.

01 $30 \div 5 =$

02 $14 \div 7 =$

03 $27 \div 9 =$

04 $12 \div 4 =$

05 $40 \div 8 =$

06 $18 \div 3 =$

07 $9 \div 3 =$

08 $16 \div 2 =$

09 $28 \div 4 =$

10 $5 \div 5 =$

11 $18 \div 9 =$

12 $48 \div 6 =$

13 $63 \div 9 =$

14 $24 \div 8 =$

15 $42 \div 7 =$

16 $30 \div 6 =$

17 $35 \div 5 =$

18 $36 \div 9 =$

🎈 계산하세요.

01 $48 \div 8 =$

02 $18 \div 6 =$

03 $63 \div 7 =$

04 $45 \div 9 =$

05 $32 \div 8 =$

06 $21 \div 7 =$

07 $20 \div 5 =$

08 $12 \div 2 =$

09 $45 \div 5 =$

10 $21 \div 3 =$

11 $15 \div 5 =$

12 $36 \div 4 =$

13 $24 \div 4 =$

14 $8 \div 2 =$

15 $12 \div 3 =$

16 $42 \div 6 =$

17 $64 \div 8 =$

18 $28 \div 7 =$

01 바둑돌 27개에서 9개씩 몇 번 덜어낼 수 있는지 구하려고 합니다. ☐ 안에 알맞은 수를 써 넣으세요.

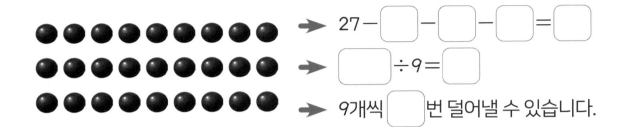

➡ 27－☐－☐－☐＝☐

➡ ☐ ÷9＝☐

➡ 9개씩 ☐ 번 덜어낼 수 있습니다.

02 금붕어 20마리를 어항 4개에 똑같이 나누어 담으려고 합니다. 나눗셈식과 곱셈식을 완성하고, 어항 한 개에 들어가는 물고기는 몇 마리인지 구하세요.

➡ 20÷☐＝☐

➡ 4×☐＝☐

➡ 어항 한 개에 ☐ 마리씩 들어갑니다.

03 관계있는 것끼리 연결하세요.

36÷6=☐ •

63÷9=☐ •

28÷7=☐ •

• ☐ ×7=28 •

• 9×☐ =63 •

• ☐ ×6=36 •

• ☐ =7

• ☐ =4

• ☐ =6

04 곱셈표를 보고 나눗셈의 몫을 구하세요.

×	1	2	3	4	5	6	7	8	9
4	4	8	12	16	20	24	28	32	36

$16 \div 4 = \boxed{}$

$36 \div 4 = \boxed{}$

$28 \div 4 = \boxed{}$

05 지붕에 적힌 수를 모두 한 번씩 사용하여 곱셈식 2개와 나눗셈식 2개를 만들었습니다. 빈칸에 알맞은 수를 써넣으세요.

6	5	30

$\boxed{} \times \boxed{} = \boxed{}$
$6 \times 5 = 30$

$\boxed{} \div \boxed{} = \boxed{}$
$30 \div 5 = 6$

3	7	21

$7 \times 3 = 21$
$\boxed{} \times \boxed{} = \boxed{}$

$21 \div 3 = 7$
$\boxed{} \div \boxed{} = \boxed{}$

06 다솔이네 반 학생 24명이 모둠을 이뤄 현장 학습을 가려고 합니다. 다솔이네 반 학생들이 모두 현장 학습에 참여한다면 하나의 모둠에 몇 명씩 들어가게 될까요?

4개의 모둠으로 나눌 때 : _____ 명

8개의 모둠으로 나눌 때 : _____ 명

어떤 수일까?

다음 조건을 모두 만족하는 수를 구하세요.

★ 50보다 큽니다.

★ 8로 나눈 몫은 한 자리 수입니다.

★ 일의 자리 숫자는 5보다 작습니다.

★ 십의 자리 숫자는 3보다 큰 홀수입니다.

3 PART

곱셈

① 차시별로 정답률을 확인하고, 성취도에 O표 하세요.

😐 80% 이상 맞혔어요.　　😟 60%~80% 맞혔어요.　　😣 60% 이하 맞혔어요.

차시	단원	성취도		
16	(몇십)×(몇)	😐	😟	😣
17	올림이 없는 (몇십몇)×(몇)	😐	😟	😣
18	올림이 있는 (몇십몇)×(몇)	😐	😟	😣
19	가로셈 연습	😐	😟	😣
20	세로셈으로 곱하기	😐	😟	😣
21	세로셈 연습	😐	😟	😣
22	가로셈을 세로셈으로	😐	😟	😣
23	곱셈 연습	😐	😟	😣

두 자리 수 이상의 곱셈은 자리별로 나누어 계산할 수 있습니다.

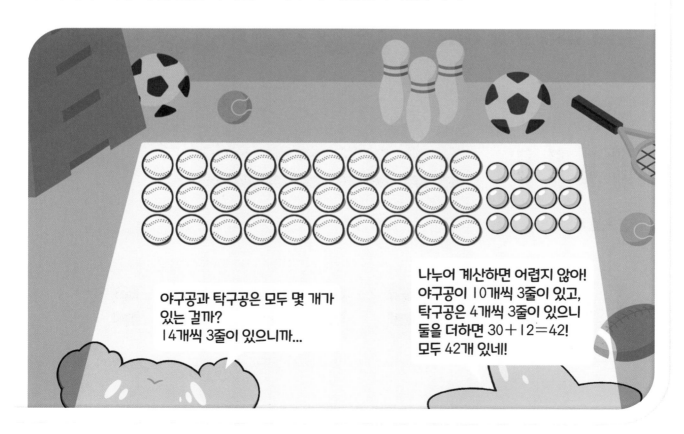

야구공과 탁구공은 모두 몇 개가 있는 걸까? 14개씩 3줄이 있으니까...

나누어 계산하면 어렵지 않아! 야구공이 10개씩 3줄이 있고, 탁구공은 4개씩 3줄이 있으니 둘을 더하면 30+12=42! 모두 42개 있네!

(몇십)×(몇)은 (몇)×(몇)을 계산한 값 뒤에 0을 붙인 것과 같습니다.

2를 세 번 더한 값을 2×3으로 나타낸다고 배운 것 기억하지?

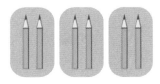

$2+2+2=6$
$2\times3=6$

$20+20+20=60$
$20\times3=60$

❓ ☐ 안에 알맞은 수를 써넣으세요.

01

$3\times3=\boxed{}$ $30\times3=\boxed{}$

02

$5\times4=\boxed{}$ $50\times4=\boxed{}$

03

$2\times4=\boxed{}$ $20\times4=\boxed{}$

04

$1\times5=\boxed{}$ $10\times5=\boxed{}$

□ 안에 알맞은 수를 써넣으세요.

뒤에 0을 붙이는 건, 그 값을 10배 한다는 의미야~
곱해지는 수가 10배가 되었으니, 그 결과도 10배가 되겠지!

$6 \times 3 = \boxed{18}$
10배 ↓ $\quad$ ↓ 10배
$60 \times 3 = \boxed{180}$

01 $\quad 5 \times 7 = \boxed{}$

$\quad\quad 50 \times 7 = \boxed{}$

02 $\quad 2 \times 9 = \boxed{}$

$\quad\quad 20 \times 9 = \boxed{}$

03 $\quad 8 \times 4 = \boxed{}$

$\quad\quad 80 \times 4 = \boxed{}$

04 $\quad 3 \times 7 = \boxed{}$

$\quad\quad 30 \times 7 = \boxed{}$

05 $\quad 9 \times 4 = \boxed{}$

$\quad\quad 90 \times 4 = \boxed{}$

06 $\quad 4 \times 7 = \boxed{}$

$\quad\quad 40 \times 7 = \boxed{}$

07 $\quad 5 \times 9 = \boxed{}$

$\quad\quad 50 \times 9 = \boxed{}$

08 $\quad 6 \times 6 = \boxed{}$

$\quad\quad 60 \times 6 = \boxed{}$

09 $\quad 7 \times 2 = \boxed{}$

$\quad\quad 70 \times 2 = \boxed{}$

10 $\quad 2 \times 5 = \boxed{}$

$\quad\quad 20 \times 5 = \boxed{}$

11 $\quad 7 \times 8 = \boxed{}$

$\quad\quad 70 \times 8 = \boxed{}$

12 $\quad 4 \times 2 = \boxed{}$

$\quad\quad 40 \times 2 = \boxed{}$

13 $\quad 9 \times 6 = \boxed{}$

$\quad\quad 90 \times 6 = \boxed{}$

14 $\quad 8 \times 3 = \boxed{}$

$\quad\quad 80 \times 3 = \boxed{}$

뛰어세기로도 생각할 수 있어요

수직선 위의 눈금 한 칸의 길이는 모두 같습니다. □ 안에 알맞은 수를 써넣으세요.

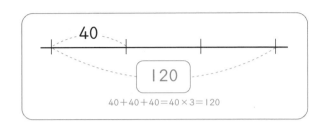

40

120

40+40+40=40×3=120

01
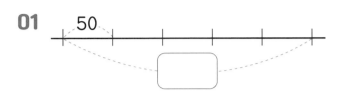
50

02
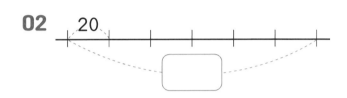
20

03
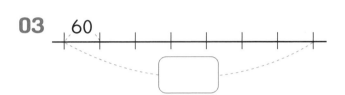
60

04
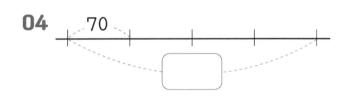
70

05
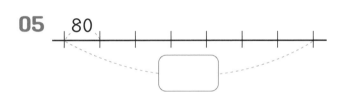
80

06
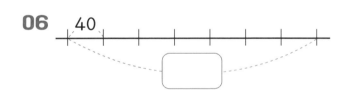
40

07
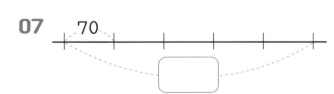
70

08
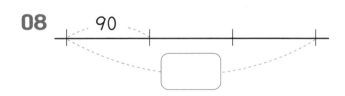
90

09
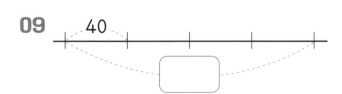
40

10
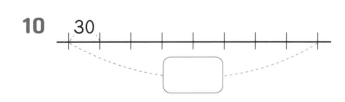
30

11
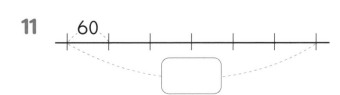
60

🎵 계산하세요.

01 $20 \times 5 =$

02 $30 \times 4 =$

03 $80 \times 9 =$

04 $70 \times 6 =$

05 $50 \times 2 =$

06 $50 \times 6 =$

07 $40 \times 4 =$

08 $60 \times 6 =$

09 $90 \times 5 =$

10 $60 \times 9 =$

11 $70 \times 4 =$

12 $40 \times 5 =$

13 $80 \times 6 =$

14 $20 \times 8 =$

15 $50 \times 7 =$

16 $30 \times 9 =$

17 $90 \times 7 =$

18 $60 \times 3 =$

수를 쪼개어 곱하고, 나온 수를 모두 더해요

(몇십몇)×(몇)은 몇십몇을 십의 자리와 일의 자리로 쪼개고, 곱하는 수와 각각 곱한 후 나온 결과를 모두 더하여 계산합니다.

12씩 3줄만큼 놓여진 공의 개수는 10씩 3줄과 2씩 3줄 놓여진 공의 개수를 더한 것과 값이 같아!

$$12 \times 3 = (10 \times 3) + (2 \times 3)$$
$$= 30 + 6 = 36$$

📝 □ 안에 알맞은 수를 써넣으세요.

01

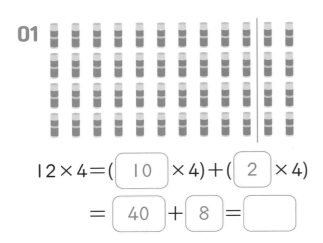

$12 \times 4 = (\boxed{10} \times 4) + (\boxed{2} \times 4)$

$= \boxed{40} + \boxed{8} = \boxed{}$

02

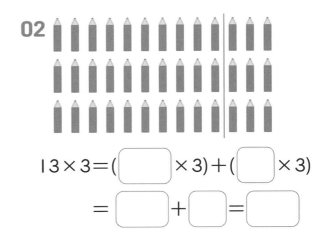

$13 \times 3 = (\boxed{} \times 3) + (\boxed{} \times 3)$

$= \boxed{} + \boxed{} = \boxed{}$

03

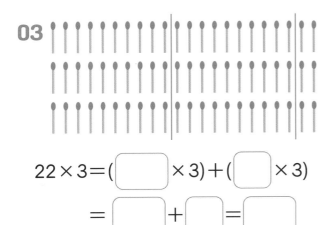

$22 \times 3 = (\boxed{} \times 3) + (\boxed{} \times 3)$

$= \boxed{} + \boxed{} = \boxed{}$

04

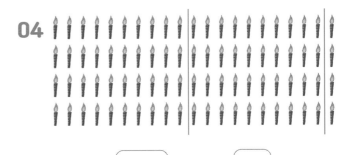

$21 \times 4 = (\boxed{} \times 4) + (\boxed{} \times 4)$

$= \boxed{} + \boxed{} = \boxed{}$

🧮 □ 안에 알맞은 수를 써넣으세요.

01 $43 \times 2 = (\boxed{} \times 2) + (\boxed{} \times 2)$
$= \boxed{} + \boxed{} = \boxed{}$

02 $21 \times 4 = (20 \times \boxed{}) + (1 \times \boxed{})$
$= \boxed{} + \boxed{} = \boxed{}$

03 $32 \times 3 = (30 \times \boxed{}) + (2 \times \boxed{})$
$= \boxed{} + \boxed{} = \boxed{}$

04 $21 \times 3 = (\boxed{} \times 3) + (\boxed{} \times 3)$
$= \boxed{} + \boxed{} = \boxed{}$

05 $41 \times 2 = (\boxed{} \times 2) + (\boxed{} \times 2)$
$= \boxed{} + \boxed{} = \boxed{}$

06 $11 \times 6 = (10 \times \boxed{}) + (1 \times \boxed{})$
$= \boxed{} + \boxed{} = \boxed{}$

07 $23 \times 3 = (20 \times \boxed{}) + (3 \times \boxed{})$
$= \boxed{} + \boxed{} = \boxed{}$

08 $14 \times 2 = (\boxed{} \times 2) + (\boxed{} \times 2)$
$= \boxed{} + \boxed{} = \boxed{}$

09 $24 \times 2 = (\boxed{} \times 2) + (\boxed{} \times 2)$
$= \boxed{} + \boxed{} = \boxed{}$

10 $12 \times 4 = (10 \times \boxed{}) + (2 \times \boxed{})$
$= \boxed{} + \boxed{} = \boxed{}$

11 $13 \times 3 = (10 \times \boxed{}) + (3 \times \boxed{})$
$= \boxed{} + \boxed{} = \boxed{}$

12 $31 \times 2 = (\boxed{} \times 2) + (\boxed{} \times 2)$
$= \boxed{} + \boxed{} = \boxed{}$

17 B 받아올림이 없을 땐 가로셈으로 쉽게 계산할 수 있어요

🦴 계산하세요.

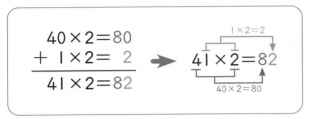

$$40 \times 2 = 80$$
$$+ 1 \times 2 = 2$$
$$41 \times 2 = 82$$

→ $41 \times 2 = 82$

$1 \times 2 = 2$
$40 \times 2 = 80$

쪼개서 곱한 값들을
다시 더할 땐
82라고 써야 해!
802라고 쓰면 안 돼!

01 $11 \times 4 =$

02 $32 \times 3 =$

03 $12 \times 4 =$

04 $33 \times 3 =$

05 $44 \times 2 =$

06 $32 \times 2 =$

07 $22 \times 3 =$

08 $22 \times 4 =$

09 $42 \times 2 =$

10 $23 \times 3 =$

11 $13 \times 3 =$

12 $21 \times 2 =$

13 $11 \times 8 =$

14 $31 \times 2 =$

15 $24 \times 2 =$

16 $14 \times 2 =$

🎯 수직선 위의 눈금 한 칸의 길이는 모두 같습니다. ⬜ 안에 알맞은 수를 써넣으세요.

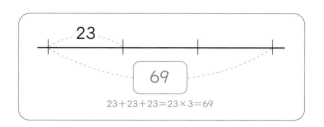

23
69

$23+23+23=23 \times 3=69$

01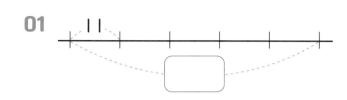

11

02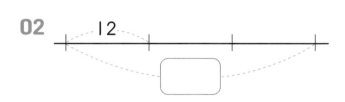

12

03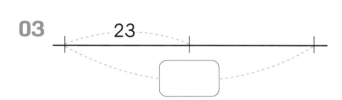

23

04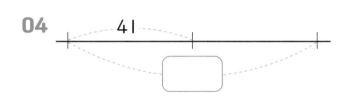

41

05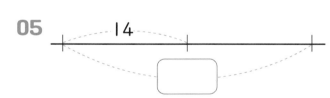

14

06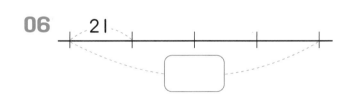

21

07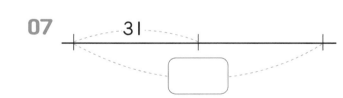

31

08

31

09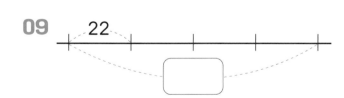

22

10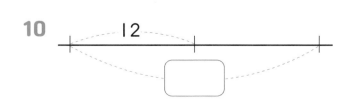

12

11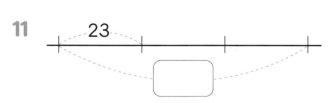

23

18 Ⓐ 받아올림이 나오는 곱셈을 계산해요

받아올림이 있는 (몇십몇)×(몇)도 받아올림이 없는 곱셈과 같이 수를 쪼개어 계산할 수 있습니다.

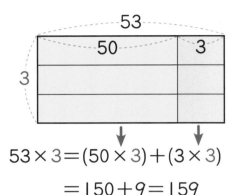

$$53 \times 3 = (50 \times 3) + (3 \times 3)$$
$$= 150 + 9 = 159$$

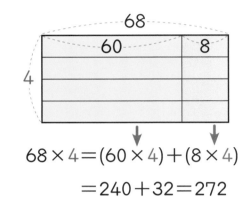

$$68 \times 4 = (60 \times 4) + (8 \times 4)$$
$$= 240 + 32 = 272$$

□ 안에 알맞은 수를 써넣으세요.

 일의 자리에서만 받아올림이 있을 때도 같은 방법으로 계산하면 돼!

01

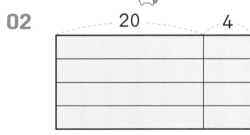

30   8

$$38 \times 2 = (\boxed{30} \times 2) + (\boxed{8} \times 2)$$
$$= \boxed{60} + \boxed{16} = \boxed{}$$

02

20   4

$$24 \times 4 = (\boxed{} \times 4) + (\boxed{} \times 4)$$
$$= \boxed{} + \boxed{} = \boxed{}$$

03

50   4

$$54 \times 3 = (\boxed{} \times 3) + (\boxed{} \times 3)$$
$$= \boxed{} + \boxed{} = \boxed{}$$

04

20   7

$$27 \times 5 = (\boxed{} \times 5) + (\boxed{} \times 5)$$
$$= \boxed{} + \boxed{} = \boxed{}$$

☝ ⬜ 안에 알맞은 수를 써넣으세요.

01 $48 \times 3 = (\boxed{} \times 3) + (\boxed{} \times 3)$
$= \boxed{} + \boxed{} = \boxed{}$

02 $26 \times 2 = (20 \times \boxed{}) + (6 \times \boxed{})$
$= \boxed{} + \boxed{} = \boxed{}$

03 $17 \times 7 = (10 \times \boxed{}) + (7 \times \boxed{})$
$= \boxed{} + \boxed{} = \boxed{}$

04 $53 \times 3 = (\boxed{} \times 3) + (\boxed{} \times 3)$
$= \boxed{} + \boxed{} = \boxed{}$

05 $27 \times 3 = (\boxed{} \times 3) + (\boxed{} \times 3)$
$= \boxed{} + \boxed{} = \boxed{}$

06 $35 \times 7 = (30 \times \boxed{}) + (5 \times \boxed{})$
$= \boxed{} + \boxed{} = \boxed{}$

07 $18 \times 4 = (10 \times \boxed{}) + (8 \times \boxed{})$
$= \boxed{} + \boxed{} = \boxed{}$

08 $47 \times 5 = (\boxed{} \times 5) + (\boxed{} \times 5)$
$= \boxed{} + \boxed{} = \boxed{}$

09 $39 \times 3 = (\boxed{} \times 3) + (\boxed{} \times 3)$
$= \boxed{} + \boxed{} = \boxed{}$

10 $48 \times 4 = (40 \times \boxed{}) + (8 \times \boxed{})$
$= \boxed{} + \boxed{} = \boxed{}$

11 $56 \times 3 = (50 \times \boxed{}) + (6 \times \boxed{})$
$= \boxed{} + \boxed{} = \boxed{}$

12 $32 \times 4 = (\boxed{} \times 4) + (\boxed{} \times 4)$
$= \boxed{} + \boxed{} = \boxed{}$

18 B 받아올림이 있는 곱셈도 어렵지 않죠?

빈 곳에 알맞은 수를 써넣으세요.

01

×	50	8	58
8	+	=	

02

×	30	7	37
6			

03

×	40	7	47
4			

04

×	30	9	39
5			

05

×	20	5	25
3			

06

×	60	2	62
9			

07

×	20	8	28
6			

08

×	30	7	37
2			

09

×	40	4	44
7			

10

×	50	6	56
4			

계산하세요.

$$8 \times 4 = 32$$
$$28 \times 4 = 80 + 32 = 112$$
$$20 \times 4 = 80$$

01 $35 \times 4 =$

02 $14 \times 5 =$

03 $54 \times 4 =$

04 $24 \times 7 =$

05 $19 \times 2 =$

06 $46 \times 6 =$

07 $28 \times 7 =$

08 $32 \times 4 =$

09 $61 \times 5 =$

10 $36 \times 2 =$

11 $47 \times 8 =$

12 $56 \times 9 =$

13 $16 \times 6 =$

14 $63 \times 7 =$

15 $44 \times 3 =$

계산하세요.

01 $86 \times 8 =$

02 $68 \times 3 =$

03 $61 \times 3 =$

04 $59 \times 8 =$

05 $15 \times 2 =$

06 $19 \times 8 =$

07 $93 \times 9 =$

08 $67 \times 7 =$

09 $74 \times 6 =$

10 $15 \times 8 =$

11 $52 \times 8 =$

12 $29 \times 5 =$

13 $45 \times 3 =$

14 $22 \times 2 =$

15 $12 \times 7 =$

16 $31 \times 4 =$

🔔 계산하세요.

01 $35 \times 7 =$

02 $72 \times 5 =$

03 $54 \times 5 =$

04 $31 \times 6 =$

05 $43 \times 7 =$

06 $66 \times 4 =$

07 $37 \times 3 =$

08 $25 \times 6 =$

09 $26 \times 2 =$

10 $13 \times 3 =$

11 $17 \times 9 =$

12 $63 \times 6 =$

13 $87 \times 2 =$

14 $56 \times 8 =$

15 $62 \times 4 =$

16 $58 \times 5 =$

□ 안에 알맞은 수를 써넣으세요.

01 | 32 | ×9 |

02 | 77 | ×3 |

03 | 87 | ×2 |

04 | 37 | ×8 |

05 | 29 | ×2 |

06 | 71 | ×7 |

07 | 28 | ×3 |

08 | 84 | ×5 |

09 | 35 | ×8 |

10 | 18 | ×5 |

11 | 88 | ×4 |

12 | 67 | ×2 |

13 | 52 | ×6 |

14 | 97 | ×5 |

15 | 19 | ×3 |

안에 두 수의 곱을 써넣으세요.

01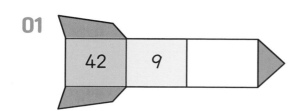

02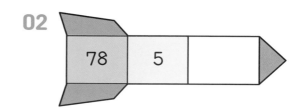

03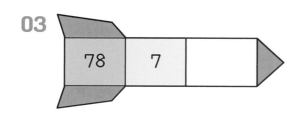

04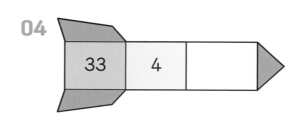

05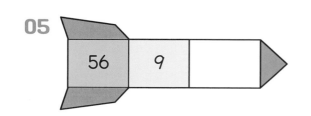

06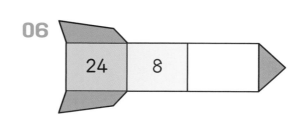

07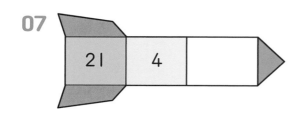

08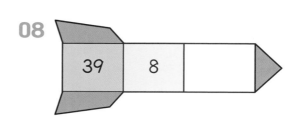

09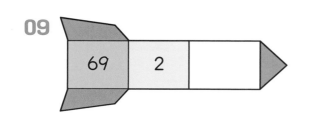

10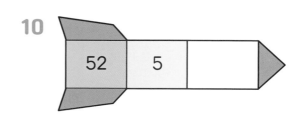

20 Ⓐ 자리를 나누어 계산해요

✏️ 다음과 같은 방법으로 계산하세요.

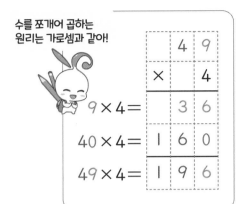

수를 쪼개어 곱하는
원리는 가로셈과 같아!

$9 \times 4 = $ ... 3 6

$40 \times 4 = $ ... 1 6 0

$49 \times 4 = $ ... 1 9 6

01

$$\begin{array}{r} 5\ 4 \\ \times \quad 3 \\ \hline \end{array}$$

$4 \times 3 =$

$50 \times 3 =$

$54 \times 3 =$

02

$$\begin{array}{r} 9\ 2 \\ \times \quad 2 \\ \hline \end{array}$$

$2 \times 2 =$

$90 \times 2 =$

$92 \times 2 =$

03

$$\begin{array}{r} 3\ 8 \\ \times \quad 4 \\ \hline \end{array}$$

$8 \times 4 =$

$30 \times 4 =$

$38 \times 4 =$

04

$$\begin{array}{r} 4\ 9 \\ \times \quad 3 \\ \hline \end{array}$$

$9 \times 3 =$

$40 \times 3 =$

$49 \times 3 =$

05

$$\begin{array}{r} 5\ 6 \\ \times \quad 5 \\ \hline \end{array}$$

$6 \times 5 =$

$50 \times 5 =$

$56 \times 5 =$

06

$$\begin{array}{r} 7\ 3 \\ \times \quad 7 \\ \hline \end{array}$$

$3 \times 7 =$

$70 \times 7 =$

$73 \times 7 =$

07

$$\begin{array}{r} 8\ 5 \\ \times \quad 2 \\ \hline \end{array}$$

$5 \times 2 =$

$80 \times 2 =$

$85 \times 2 =$

08

$$\begin{array}{r} 3\ 9 \\ \times \quad 9 \\ \hline \end{array}$$

$9 \times 9 =$

$30 \times 9 =$

$39 \times 9 =$

09

$$\begin{array}{r} 6\ 3 \\ \times \quad 2 \\ \hline \end{array}$$

$3 \times 2 =$

$60 \times 2 =$

$63 \times 2 =$

10

$$\begin{array}{r} 2\ 6 \\ \times \quad 3 \\ \hline \end{array}$$

$6 \times 3 =$

$20 \times 3 =$

$26 \times 3 =$

11

$$\begin{array}{r} 3\ 3 \\ \times \quad 8 \\ \hline \end{array}$$

$3 \times 8 =$

$30 \times 8 =$

$33 \times 8 =$

🎵 다음과 같은 방법으로 계산하세요.

일의 자리부터 계산하고,
받아올림을 한 수는 십의 자리
위에 작게 적어 두자!

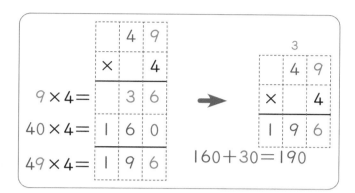

$9 \times 4 = 36$
$40 \times 4 = 160$
$49 \times 4 = 196$

$160 + 30 = 190$

01

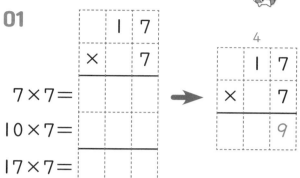

$7 \times 7 =$
$10 \times 7 =$
$17 \times 7 =$

3
PART

02

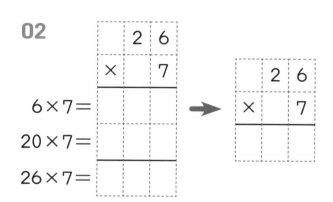

$6 \times 7 =$
$20 \times 7 =$
$26 \times 7 =$

03

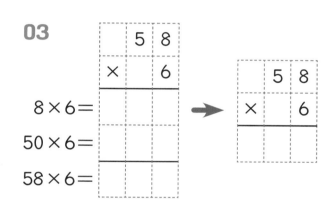

$8 \times 6 =$
$50 \times 6 =$
$58 \times 6 =$

04

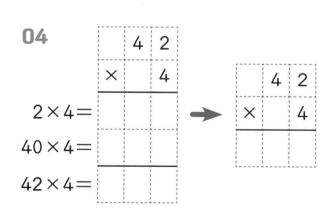

$2 \times 4 =$
$40 \times 4 =$
$42 \times 4 =$

05

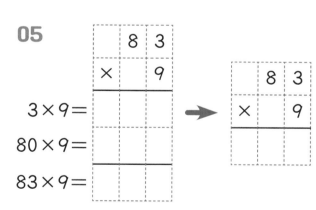

$3 \times 9 =$
$80 \times 9 =$
$83 \times 9 =$

06

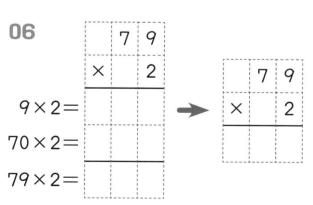

$9 \times 2 =$
$70 \times 2 =$
$79 \times 2 =$

07

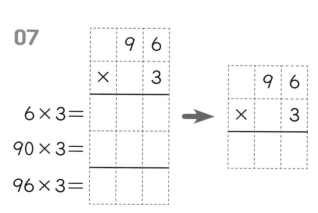

$6 \times 3 =$
$90 \times 3 =$
$96 \times 3 =$

일의 자리에서 올림이 있을 경우 받아올림한 수를 십의 자리 위에 작게 써놓고, 십의 자리와 곱하는 수의 곱에 더하여 답을 적습니다.

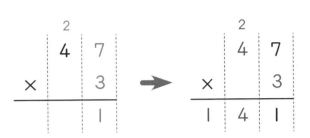

> 4와 3의 곱인 12에 올림한 2를 더해 백의 자리와 십의 자리에 14를 적었어!

□ 안에 알맞은 수를 써넣으세요.

01

$$\begin{array}{r} 2\ 8 \\ \times\quad 5 \\ \hline \end{array}$$

02

$$\begin{array}{r} 3\ 5 \\ \times\quad 4 \\ \hline \end{array}$$

03

$$\begin{array}{r} 1\ 9 \\ \times\quad 6 \\ \hline \end{array}$$

04

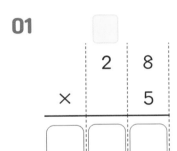

$$\begin{array}{r} 6\ 3 \\ \times\quad 6 \\ \hline \end{array}$$

05

$$\begin{array}{r} 8\ 4 \\ \times\quad 8 \\ \hline \end{array}$$

06

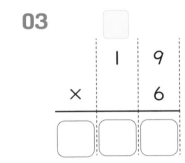

$$\begin{array}{r} 5\ 9 \\ \times\quad 9 \\ \hline \end{array}$$

07

$$\begin{array}{r} 3\ 4 \\ \times\quad 7 \\ \hline \end{array}$$

08

$$\begin{array}{r} 9\ 7 \\ \times\quad 3 \\ \hline \end{array}$$

09

$$\begin{array}{r} 1\ 8 \\ \times\quad 9 \\ \hline \end{array}$$

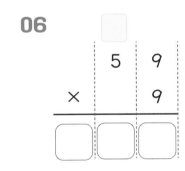
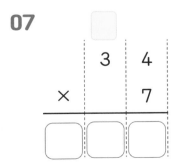
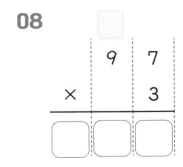
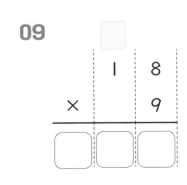

❓ 계산하세요.

01
$$\begin{array}{r} 8\,1 \\ \times\quad 4 \\ \hline \end{array}$$

02
$$\begin{array}{r} 2\,5 \\ \times\quad 7 \\ \hline \end{array}$$

03
$$\begin{array}{r} 2\,1 \\ \times\quad 5 \\ \hline \end{array}$$

04
$$\begin{array}{r} 6\,4 \\ \times\quad 9 \\ \hline \end{array}$$

05
$$\begin{array}{r} 8\,5 \\ \times\quad 6 \\ \hline \end{array}$$

06
$$\begin{array}{r} 2\,8 \\ \times\quad 8 \\ \hline \end{array}$$

07
$$\begin{array}{r} 2\,7 \\ \times\quad 3 \\ \hline \end{array}$$

08
$$\begin{array}{r} 4\,2 \\ \times\quad 4 \\ \hline \end{array}$$

09
$$\begin{array}{r} 5\,4 \\ \times\quad 8 \\ \hline \end{array}$$

10
$$\begin{array}{r} 4\,4 \\ \times\quad 9 \\ \hline \end{array}$$

11
$$\begin{array}{r} 3\,6 \\ \times\quad 6 \\ \hline \end{array}$$

12
$$\begin{array}{r} 6\,8 \\ \times\quad 5 \\ \hline \end{array}$$

13
$$\begin{array}{r} 6\,3 \\ \times\quad 3 \\ \hline \end{array}$$

14
$$\begin{array}{r} 7\,2 \\ \times\quad 2 \\ \hline \end{array}$$

15
$$\begin{array}{r} 8\,8 \\ \times\quad 7 \\ \hline \end{array}$$

16
$$\begin{array}{r} 9\,6 \\ \times\quad 2 \\ \hline \end{array}$$

받아올림을 실수하지 않게 조심해요

計 계산하세요.

01
$$\begin{array}{r} 2\ 7 \\ \times\ \ \ 6 \\ \hline \end{array}$$

02
$$\begin{array}{r} 4\ 8 \\ \times\ \ \ 7 \\ \hline \end{array}$$

03
$$\begin{array}{r} 7\ 3 \\ \times\ \ \ 4 \\ \hline \end{array}$$

04
$$\begin{array}{r} 4\ 9 \\ \times\ \ \ 6 \\ \hline \end{array}$$

05
$$\begin{array}{r} 1\ 7 \\ \times\ \ \ 4 \\ \hline \end{array}$$

06
$$\begin{array}{r} 8\ 1 \\ \times\ \ \ 7 \\ \hline \end{array}$$

07
$$\begin{array}{r} 2\ 5 \\ \times\ \ \ 2 \\ \hline \end{array}$$

08
$$\begin{array}{r} 5\ 3 \\ \times\ \ \ 2 \\ \hline \end{array}$$

09
$$\begin{array}{r} 1\ 2 \\ \times\ \ \ 9 \\ \hline \end{array}$$

10
$$\begin{array}{r} 8\ 6 \\ \times\ \ \ 5 \\ \hline \end{array}$$

11
$$\begin{array}{r} 6\ 6 \\ \times\ \ \ 6 \\ \hline \end{array}$$

12
$$\begin{array}{r} 9\ 1 \\ \times\ \ \ 5 \\ \hline \end{array}$$

13
$$\begin{array}{r} 5\ 2 \\ \times\ \ \ 4 \\ \hline \end{array}$$

14
$$\begin{array}{r} 3\ 1 \\ \times\ \ \ 8 \\ \hline \end{array}$$

15
$$\begin{array}{r} 5\ 3 \\ \times\ \ \ 7 \\ \hline \end{array}$$

16
$$\begin{array}{r} 4\ 3 \\ \times\ \ \ 7 \\ \hline \end{array}$$

😮 계산하세요.

01
```
    7 7
  ×   2
```

02
```
    2 6
  ×   3
```

03
```
    3 1
  ×   6
```

04
```
    8 4
  ×   7
```

05
```
    6 7
  ×   2
```

06
```
    9 2
  ×   7
```

07
```
    6 1
  ×   5
```

08
```
    1 9
  ×   5
```

09
```
    5 8
  ×   7
```

10
```
    3 5
  ×   9
```

11
```
    7 3
  ×   7
```

12
```
    4 9
  ×   6
```

13
```
    7 5
  ×   8
```

14
```
    7 2
  ×   2
```

15
```
    9 6
  ×   6
```

16
```
    6 8
  ×   4
```

빈 곳에 알맞은 수를 써넣으세요.

01

5 1
× 3

1 7
× 9

02

5 4
× 6

6 5
× 5

03

2 1
× 9

3 8
× 8

04

5 8
× 3

9 4
× 7

05

4 2
× 4

4 4
× 7

06

5 6
× 8

9 2
× 4

07

1 3
× 3

1 8
× 6

08

7 7
× 4

2 3
× 5

09

5 8
× 2

8 5
× 4

10

6 3
× 9

5 2
× 4

11

2 8
× 7

4 9
× 4

12

7 3
× 2

5 6
× 7

🔍 □ 안에 두 수의 곱을 써넣으세요.

01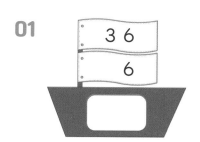
3 6
6

02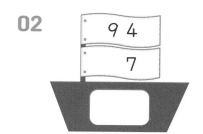
9 4
7

03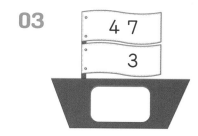
4 7
3

04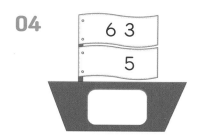
6 3
5

05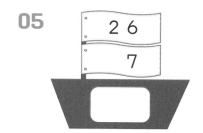
2 6
7

06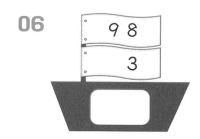
9 8
3

07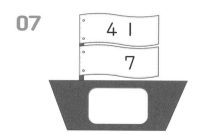
4 1
7

08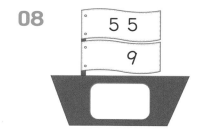
5 5
9

09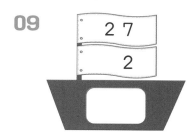
2 7
2

10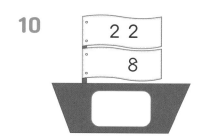
2 2
8

11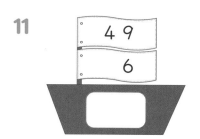
4 9
6

12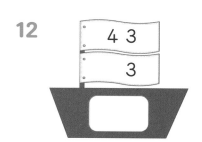
4 3
3

다음과 같은 방법으로 계산하세요.

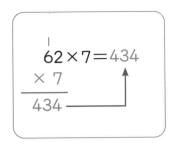

받아올림이 있을 때에는 가로셈을 세로셈으로 바꾸어 풀면 실수를 줄일 수 있어!

01 $18 \times 5 =$

02 $41 \times 9 =$

03 $71 \times 3 =$

04 $58 \times 5 =$

05 $28 \times 6 =$

06 $93 \times 5 =$

07 $76 \times 2 =$

08 $55 \times 7 =$

09 $13 \times 4 =$

10 $49 \times 8 =$

11 $37 \times 2 =$

12 $84 \times 6 =$

13 $68 \times 7 =$

여기도 세로셈으로
바꿔서 풀어 볼까?

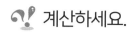 계산하세요.

01 64×3=

02 83×9=

03 67×7=

04 79×6=

05 63×5=

06 15×4=

07 29×7=

08 31×7=

09 24×5=

10 26×2=

11 23×6=

12 17×6=

13 98×3=

14 15×9=

15 23×3=

□ 안에 알맞은 수를 써넣으세요.

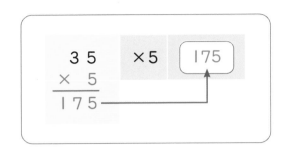

01   6 1   ×8   [ ]

02   2 6   ×7   [ ]

03   4 3   ×4   [ ]

04   3 9   ×7   [ ]

05   3 1   ×5   [ ]

06   9 3   ×8   [ ]

07   7 5   ×6   [ ]

08   7 9   ×2   [ ]

09   5 4   ×3   [ ]

😊 □ 안에 두 수의 곱을 써넣으세요.

01 — | 5 1 | 4 | | →

02 — | 8 2 | 2 | | →

03 — | 3 2 | 3 | | →

04 — | 2 1 | 3 | | →

05 — | 5 6 | 7 | | →

06 — | 3 1 | 6 | | →

07 — | 8 2 | 9 | | →

08 — | 4 4 | 8 | | →

09 — | 3 9 | 3 | | →

10 — | 6 8 | 3 | | →

11 — | 7 1 | 7 | | →

12 — | 2 9 | 2 | | →

13 — | 1 3 | 5 | | →

14 — | 5 8 | 9 | | →

15 — | 6 5 | 4 | | →

16 — | 2 2 | 5 | | →

야구공을 같은 개수씩 상자에 담았습니다. ☐ 안에 알맞은 수를 써넣으세요.

01

한 상자에 담은 야구공의 개수 : 34개

전체 야구공의 개수 : ☐ × ☐ = ☐ (개)

02

한 상자에 담은 야구공의 개수 : 26개

전체 야구공의 개수 : ☐ × ☐ = ☐ (개)

03

한 상자에 담은 야구공의 개수 : 53개

전체 야구공의 개수 : ☐ × ☐ = ☐ (개)

04

한 상자에 담은 야구공의 개수 : 66개

전체 야구공의 개수 : ☐ × ☐ = ☐ (개)

05

한 상자에 담은 야구공의 개수 : 37개

전체 야구공의 개수 : ☐ × ☐ = ☐ (개)

06

한 상자에 담은 야구공의 개수 : 44개

전체 야구공의 개수 : ☐ × ☐ = ☐ (개)

07

한 상자에 담은 야구공의 개수 : 79개

전체 야구공의 개수 : ☐ × ☐ = ☐ (개)

🎵 시소는 곱이 더 큰 쪽으로 기울어집니다. 시소가 기울어지는 쪽에 ○표 하세요.

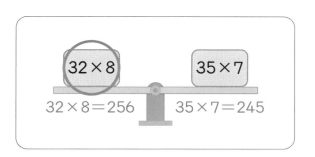

$32 \times 8 = 256$ $35 \times 7 = 245$

01

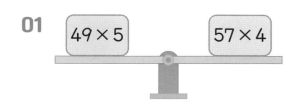

49 × 5   57 × 4

02

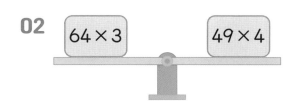

64 × 3   49 × 4

03

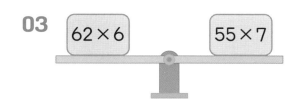

62 × 6   55 × 7

04

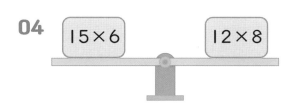

15 × 6   12 × 8

05

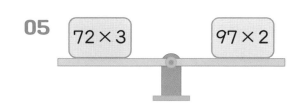

72 × 3   97 × 2

06

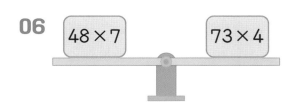

48 × 7   73 × 4

07

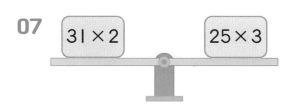

31 × 2   25 × 3

08

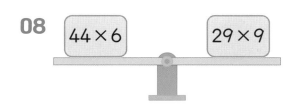

44 × 6   29 × 9

09

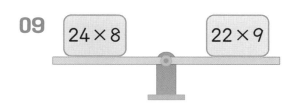

24 × 8   22 × 9

01 계산하세요.

$$40 \times 6 = \qquad\qquad 60 \times 3 = \qquad\qquad 90 \times 7 =$$

02 □ 안에 알맞은 수를 써넣으세요.

74×3 ⎰ $70 \times 3 =$ ☐
⎱ $4 \times 3 =$ ☐ ⎱ ☐

19×6 ⎰ $10 \times 6 =$ ☐
⎱ $9 \times 6 =$ ☐ ⎱ ☐

03 계산 결과의 크기를 비교하여 ○ 안에 >, =, <를 알맞게 써넣으세요.

16×7 ◯ 24×4 $\qquad\qquad$ 33×9 ◯ 91×3

04 음료수가 한 상자에 29개씩 들어 있습니다. 음료수가 모두 몇 개있는지 구하려 할 때,
□ 안에 알맞은 수를 써넣으세요.

 ☐ × ☐ = ☐ (개)

 ☐ × ☐ = ☐ (개)

05 세 장의 수 카드를 한 번 씩 이용하여 만들 수 있는 (몇십몇)×(몇)의 곱셈식을 3개 만들고, 그 곱을 구하세요.

곱셈식 1) _____ , 곱 : _____

곱셈식 2) _____ , 곱 : _____

곱셈식 3) _____ , 곱 : _____

3 PART

06 친구들의 대화를 보고 각각 구슬을 몇 개씩 가지고 있는지 구하세요.

나는 구슬을 23개 가지고 있어.

난 여령이의 구슬 개수의 3배만큼 구슬을 가지고 있어.

내가 가진 구슬의 수는 지원이의 구슬의 수의 2배야.

여령 : 23개

지원 : _____ 개

초희 : _____ 개

07 원리 초등학교 학생들이 13명씩 7개의 조를 이루어 축구 경기를 하려 합니다. 축구 경기에 참여하는 학생들은 모두 몇 명일까요?

답 : _____ 명

물음표에 들어갈 수는?

여러 가지 모양으로 만든 식을 보고 물음표에 들어갈 수를 구하세요.

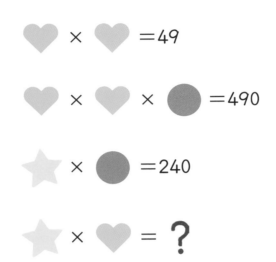

길이와 시간의 계산

① 차시별로 정답률을 확인하고, 성취도에 ○표 하세요.

😊 80% 이상 맞혔어요.　　😐 60% ~ 80% 맞혔어요.　　😞 60% 이하 맞혔어요.

차시	단원	성취도		
24	길이의 단위	😊	😐	😞
25	길이의 덧셈과 뺄셈	😊	😐	😞
26	길이의 덧셈과 뺄셈 연습	😊	😐	😞
27	시간의 단위	😊	😐	😞
28	시간의 덧셈과 뺄셈	😊	😐	😞
29	시간의 계산 연습 1	😊	😐	😞
30	오전과 오후 계산 1	😊	😐	😞
31	오전과 오후 계산 2	😊	😐	😞
32	시간의 계산 연습 2	😊	😐	😞

길이와 시간의 단위를 상황에 맞게 사용하면 더 정확한 표현을 할 수 있습니다.

1 cm보다 더 짧은 길이를 표현해요

1 cm를 10칸으로 똑같이 나누었을 때 작은 눈금 한 칸의 길이를 $\boxed{1\ mm}$ 라 쓰고,
1 밀리미터라고 읽습니다.

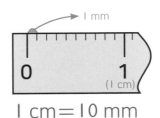

1 cm = 10 mm

1 cm 3 mm = 13 mm
[1 센티미터 3 밀리미터] [13 밀리미터]

1 cm보다 3 mm 더 긴 것을
1 cm 3 mm라고 하는구나!

🎵 나무 막대의 길이를 쓰세요.

01

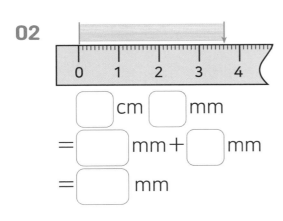

☐ cm ☐ mm = ☐ mm + ☐ mm = ☐ mm

02

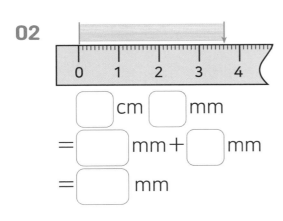

☐ cm ☐ mm

= ☐ mm + ☐ mm

= ☐ mm

03

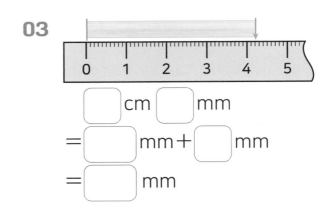

☐ cm ☐ mm

= ☐ mm + ☐ mm

= ☐ mm

04

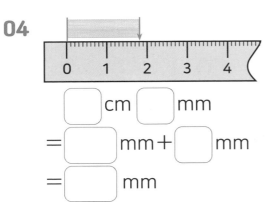

☐ cm ☐ mm

= ☐ mm + ☐ mm

= ☐ mm

05

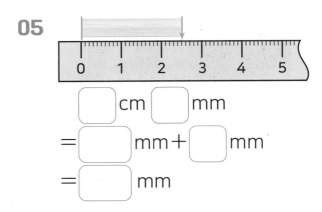

☐ cm ☐ mm

= ☐ mm + ☐ mm

= ☐ mm

🐸 ☐ 안에 알맞은 수를 써넣으세요.

01 142 mm = ☐ cm ☐ mm

02 7 cm 2 mm = ☐ mm

03 4 cm 5 mm = ☐ mm

04 41 cm 2 mm = ☐ mm

05 68 mm = ☐ cm ☐ mm

06 127 mm = ☐ cm ☐ mm

07 232 mm = ☐ cm ☐ mm

08 14 cm 3 mm = ☐ mm

09 14 cm 9 mm = ☐ mm

10 243 mm = ☐ cm ☐ mm

11 48 mm = ☐ cm ☐ mm

12 505 mm = ☐ cm ☐ mm

13 10 cm 9 mm = ☐ mm

14 9 cm 3 mm = ☐ mm

15 6 cm 8 mm = ☐ mm

16 224 mm = ☐ cm ☐ mm

24 B 1000 m를 더 큰 단위로 표현해요

1000 m를 **1 km** 라 쓰고, 1 킬로미터라고 읽습니다.

1 km보다 100 m 더 긴 것을
1 km 100 m라고 할 수 있지!

1 km 100 m = 1100 m
[1 킬로미터 100 미터]   [1100 미터]

0   200 m   400 m   600 m   800 m   1 km   1200 m
     ||
     1000 m

🔍 수직선 위 눈금 한 칸의 길이는 모두 100 m입니다. ☐ 안에 알맞은 수를 써넣으세요.

01

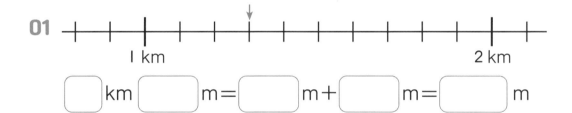

☐ km ☐ m = ☐ m + ☐ m = ☐ m

02

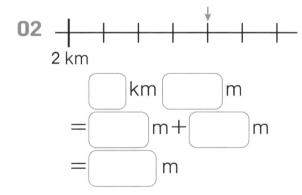

☐ km ☐ m
= ☐ m + ☐ m
= ☐ m

03

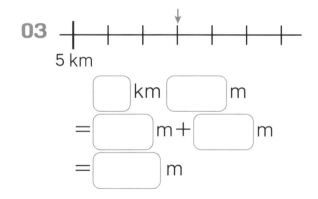

☐ km ☐ m
= ☐ m + ☐ m
= ☐ m

04

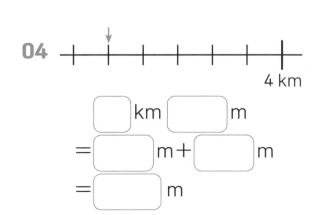

☐ km ☐ m
= ☐ m + ☐ m
= ☐ m

05

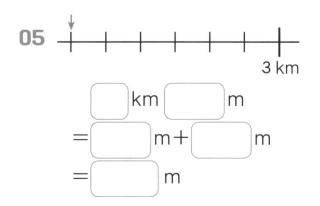

☐ km ☐ m
= ☐ m + ☐ m
= ☐ m

□ 안에 알맞은 수를 써넣으세요.

400 m가 아니고 40 m네!
실수하지 않도록 조심하자~!!

01 5400 m = ☐ km ☐ m

02 7 km 40 m = ☐ m

03 4080 m = ☐ km ☐ m

04 3960 m = ☐ km ☐ m

05 6 km 520 m = ☐ m

06 8 km 700 m = ☐ m

07 3800 m = ☐ km ☐ m

08 1 km 500 m = ☐ m

09 3 km 50 m = ☐ m

10 6090 m = ☐ km ☐ m

11 2460 m = ☐ km ☐ m

12 2020 m = ☐ km ☐ m

13 1 km 900 m = ☐ m

14 4 km 500 m = ☐ m

15 1400 m = ☐ km ☐ m

16 2 km 195 m = ☐ m

4
PART

cm는 cm끼리, mm는 mm끼리 계산합니다. 만약 덧셈에서 mm끼리의 합이 10보다 크거나 같으면 10 mm를 1 cm로 받아올림하고, 뺄셈에서 mm끼리 뺄 수 없을 때는 1 cm를 10 mm로 받아내림하여 계산합니다.

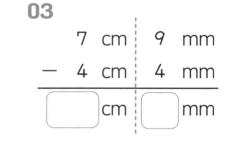

¿! □ 안에 알맞은 수를 써넣으세요.

01

	cm		mm
	8	6
+	5	6
	⬚	⬚

02

	cm		mm
	5	2
+	1	5
	⬚	⬚

03

	cm		mm
	7	9
−	4	4
	⬚	⬚

04

	cm		mm
	6	3
+	2	8
	⬚	⬚

05

	cm		mm
	4	3
+	8	5
	⬚	⬚

06

	cm		mm
	6	3
−	2	9
	⬚	⬚

07

	cm		mm
	9	4
+	4	2
	⬚	⬚

08

	cm		mm
	9	9
−	5	3
	⬚	⬚

09

	cm		mm
	5	1
−	3	7
	⬚	⬚

💡 □ 안에 알맞은 수를 써넣으세요.

01

```
    9 cm   4 mm
 −  7 cm   3 mm
   [  ]cm [  ]mm
```

02

```
    4 cm   2 mm
 −  2 cm   9 mm
   [  ]cm [  ]mm
```

03

```
    6 cm   2 mm
 +  8 cm   9 mm
   [  ]cm [  ]mm
```

04

```
    3 cm   6 mm
 +  7 cm   9 mm
   [  ]cm [  ]mm
```

05

```
    7 cm   5 mm
 −  4 cm   7 mm
   [  ]cm [  ]mm
```

06

```
    5 cm   1 mm
 +  8 cm   4 mm
   [  ]cm [  ]mm
```

07

```
    7 cm   4 mm
 −  5 cm   6 mm
   [  ]cm [  ]mm
```

08

```
    6 cm   4 mm
 +  5 cm   5 mm
   [  ]cm [  ]mm
```

09

```
    9 cm   8 mm
 −  7 cm   4 mm
   [  ]cm [  ]mm
```

10 4 cm 9 mm + 4 cm 4 mm = [ ] cm [ ] mm

11 9 cm 4 mm − 6 cm 6 mm = [ ] cm [ ] mm

12 7 cm 2 mm − 3 cm 9 mm = [ ] cm [ ] mm

25 B m와 km의 계산은 받아올림/받아내림을 조심해요

km는 km끼리, m는 m끼리 계산합니다. 만약 덧셈에서 m끼리의 합이 1000보다 크거나 같으면 1000 m를 1 km로 받아올림하고, 뺄셈에서 m끼리 뺄 수 없을 때는 1 km를 1000 m로 받아내림하여 계산합니다.

```
        1
      2 km : 5 0 0 m
  +   5 km : 8 0 0 m
  ─────────────────────
      8 km : 3 0 0 m
```

```
     13      1000
    1̶4̶ km : 5 0 0 m
  -  2 km : 8 0 0 m
  ─────────────────────
    11 km : 7 0 0 m
```

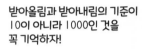
받아올림과 받아내림의 기준이 10이 아니라 1000인 것을 꼭 기억하자!

❓ □ 안에 알맞은 수를 써넣으세요.

01
```
    12 km : 9 0 0 m
  +  8 km : 9 0 0 m
  ─────────────────────
  [    ] km : [    ] m
```

02
```
    14 km : 3 0 0 m
  -  5 km : 6 0 0 m
  ─────────────────────
  [    ] km : [    ] m
```

03
```
    16 km : 7 0 0 m
  -  2 km : 2 0 0 m
  ─────────────────────
  [    ] km : [    ] m
```

04
```
     7 km : 6 0 0 m
  +  8 km : 6 0 0 m
  ─────────────────────
  [    ] km : [    ] m
```

05
```
    18 km : 3 0 0 m
  +  9 km : 2 0 0 m
  ─────────────────────
  [    ] km : [    ] m
```

06
```
    11 km : 3 0 0 m
  -  8 km : 5 0 0 m
  ─────────────────────
  [    ] km : [    ] m
```

07
```
    15 km : 7 0 0 m
  +  9 km : 4 0 0 m
  ─────────────────────
  [    ] km : [    ] m
```

08
```
    28 km : 2 0 0 m
  -  4 km : 9 0 0 m
  ─────────────────────
  [    ] km : [    ] m
```

09
```
    36 km : 2 0 0 m
  +  3 km : 9 0 0 m
  ─────────────────────
  [    ] km : [    ] m
```

⭐ ▢ 안에 알맞은 수를 써넣으세요.

01

$$\begin{array}{r} 23\,\text{km} \quad 800\,\text{m} \\ +\quad 8\,\text{km} \quad 100\,\text{m} \\ \hline \end{array}$$

▢ km ▢ m

02

$$\begin{array}{r} 20\,\text{km} \quad 600\,\text{m} \\ -\quad 1\,\text{km} \quad 800\,\text{m} \\ \hline \end{array}$$

▢ km ▢ m

03

$$\begin{array}{r} 13\,\text{km} \quad 600\,\text{m} \\ -\quad 9\,\text{km} \quad 400\,\text{m} \\ \hline \end{array}$$

▢ km ▢ m

04

$$\begin{array}{r} 20\,\text{km} \quad 800\,\text{m} \\ +\quad 3\,\text{km} \quad 400\,\text{m} \\ \hline \end{array}$$

▢ km ▢ m

05

$$\begin{array}{r} 8\,\text{km} \quad 800\,\text{m} \\ +\quad 8\,\text{km} \quad 600\,\text{m} \\ \hline \end{array}$$

▢ km ▢ m

06

$$\begin{array}{r} 9\,\text{km} \quad 100\,\text{m} \\ -\quad 2\,\text{km} \quad 800\,\text{m} \\ \hline \end{array}$$

▢ km ▢ m

07

$$\begin{array}{r} 27\,\text{km} \quad 500\,\text{m} \\ +\quad 5\,\text{km} \quad 600\,\text{m} \\ \hline \end{array}$$

▢ km ▢ m

08

$$\begin{array}{r} 15\,\text{km} \quad 100\,\text{m} \\ -\quad 8\,\text{km} \quad 300\,\text{m} \\ \hline \end{array}$$

▢ km ▢ m

09

$$\begin{array}{r} 13\,\text{km} \quad 900\,\text{m} \\ +\quad 6\,\text{km} \quad 700\,\text{m} \\ \hline \end{array}$$

▢ km ▢ m

10 18 km 500 m − 6 km 800 m = ▢ km ▢ m

11 25 km 200 m − 7 km 400 m = ▢ km ▢ m

12 7 km 800 m + 5 km 500 m = ▢ km ▢ m

26 Ⓐ 단위를 잊지 말고 꼭 적어요

🎵 계산하세요.

01

```
      8 cm   4 mm
  +   4 cm   7 mm
  ─────────────────
         cm      mm
```

02

```
     19 cm   8 mm
  −   9 cm   9 mm
  ─────────────────
```

03

```
     27 cm   3 mm
  −   6 cm   5 mm
  ─────────────────
```

04

```
     15 cm   8 mm
  + 25 cm   3 mm
  ─────────────────
```

05

```
     13 cm   6 mm
  +   7 cm   7 mm
  ─────────────────
```

06

```
     14 cm   1 mm
  −   7 cm   6 mm
  ─────────────────
```

07

```
     26 cm   6 mm
  −   7 cm   8 mm
  ─────────────────
```

08

```
      3 cm   7 mm
  +   7 cm   9 mm
  ─────────────────
```

09

```
     17 cm   3 mm
  −   8 cm   9 mm
  ─────────────────
```

10 8 cm 4 mm＋15 cm 2 mm＝   cm   mm

11 31 cm 7 mm−7 cm 8 mm＝

12 8 cm 6 mm＋17 cm 5 mm＝

🔍 계산하세요.

01
$$
\begin{array}{rrr}
 & 24\,km & 150\,m \\
- & 3\,km & 720\,m \\
\hline
 & km & m
\end{array}
$$

02
$$
\begin{array}{rrr}
 & 48\,km & 200\,m \\
+ & 3\,km & 900\,m \\
\hline
\end{array}
$$

03
$$
\begin{array}{rrr}
 & 12\,km & 680\,m \\
+ & 5\,km & 730\,m \\
\hline
\end{array}
$$

04
$$
\begin{array}{rrr}
 & 12\,km & 100\,m \\
- & 8\,km & 300\,m \\
\hline
\end{array}
$$

05
$$
\begin{array}{rrr}
 & 13\,km & 200\,m \\
- & 2\,km & 500\,m \\
\hline
\end{array}
$$

06
$$
\begin{array}{rrr}
 & 15\,km & 460\,m \\
- & 2\,km & 880\,m \\
\hline
\end{array}
$$

07
$$
\begin{array}{rrr}
 & 5\,km & 740\,m \\
+ & 2\,km & 930\,m \\
\hline
\end{array}
$$

08
$$
\begin{array}{rrr}
 & 6\,km & 500\,m \\
+ & 2\,km & 600\,m \\
\hline
\end{array}
$$

09
$$
\begin{array}{rrr}
 & 17\,km & 600\,m \\
+ & 9\,km & 200\,m \\
\hline
\end{array}
$$

10 24 km 300 m＋3 km 800 m＝   km   m

11 14 km 450 m－7 km 630 m＝

12 27 km 500 m－5 km 700 m＝

다음을 계산하여 그 결과를 빈칸에 쓰고, 길이가 더 긴 쪽에 ◯표 하세요.

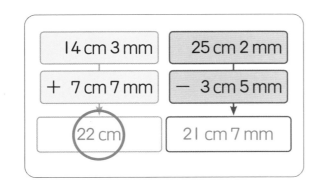

14 cm 3 mm + 7 cm 7 mm = ⟨22 cm⟩

25 cm 2 mm − 3 cm 5 mm = 21 cm 7 mm

01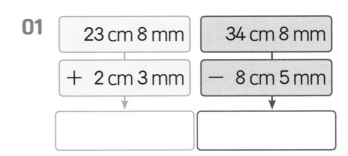

23 cm 8 mm + 2 cm 3 mm

34 cm 8 mm − 8 cm 5 mm

02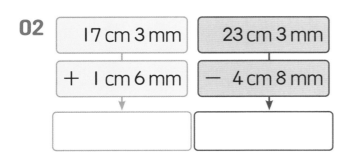

17 cm 3 mm + 1 cm 6 mm

23 cm 3 mm − 4 cm 8 mm

03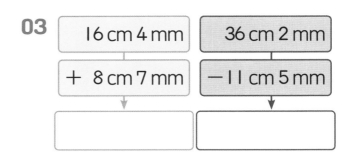

16 cm 4 mm + 8 cm 7 mm

36 cm 2 mm − 11 cm 5 mm

04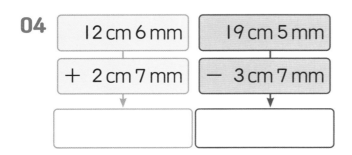

12 cm 6 mm + 2 cm 7 mm

19 cm 5 mm − 3 cm 7 mm

05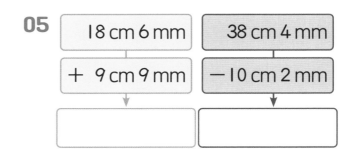

18 cm 6 mm + 9 cm 9 mm

38 cm 4 mm − 10 cm 2 mm

06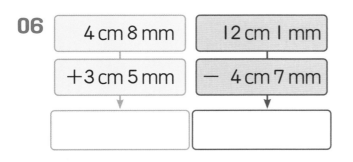

4 cm 8 mm + 3 cm 5 mm

12 cm 1 mm − 4 cm 7 mm

07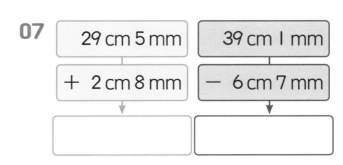

29 cm 5 mm + 2 cm 8 mm

39 cm 1 mm − 6 cm 7 mm

😮 다음을 계산하여 그 결과를 빈칸에 쓰고, 길이가 더 긴 쪽에 ◯표 하세요.

3 km 500 m	12 km 600 m
+ 4 km 100 m	− 3 km 700 m
7 km 600 m	8 km 900 m

01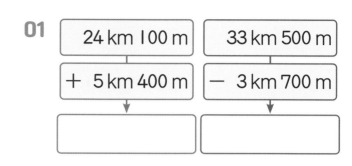

24 km 100 m	33 km 500 m
+ 5 km 400 m	− 3 km 700 m

02

8 km 400 m	27 km 400m
+ 6 km 900 m	− 12 km 600 m

03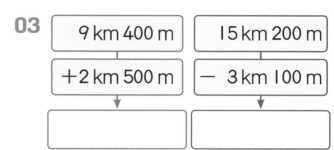

9 km 400 m	15 km 200 m
+ 2 km 500 m	− 3 km 100 m

04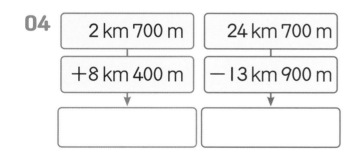

2 km 700 m	24 km 700 m
+ 8 km 400 m	− 13 km 900 m

05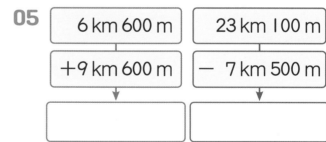

6 km 600 m	23 km 100 m
+ 9 km 600 m	− 7 km 500 m

06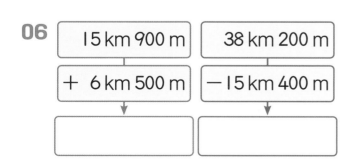

15 km 900 m	38 km 200 m
+ 6 km 500 m	− 15 km 400 m

07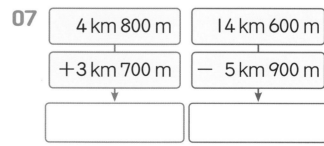

4 km 800 m	14 km 600 m
+ 3 km 700 m	− 5 km 900 m

27 A 1분보다 더 짧은 시간을 표현해요

시계의 초바늘이 작은 눈금 한 칸을 가는 동안 걸리는 시간을 1초라고 합니다.
초바늘이 시계를 한 바퀴 도는 데 걸리는 시간은 60초입니다.

초를 읽을 땐, 초바늘이 가리키는
숫자에 ×5를 해주면 되네!
분을 읽는 방법과 같구나~!

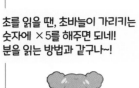

작은 눈금 한 칸=1초

60초=1분

 □ 안에 알맞은 수를 써넣으세요.

분을 초로 나타내면
60초, 120초, 180초, 240초, …야!

01 1분= ◯ 초

02 180초= ◯ 분

03 2분= ◯ 초

04 600초= ◯ 분

05 5분= ◯ 초

06 420초= ◯ 분

07 4분= ◯ 초

08 540초= ◯ 분

09 8분= ◯ 초

10 360초= ◯ 분

ⓘ 시각을 읽어 보세요.

01

☐ 시 ☐ 분 ☐ 초

02

☐ 시 ☐ 분 ☐ 초

03

☐ 시 ☐ 분 ☐ 초

04

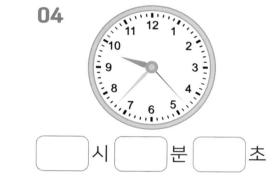

☐ 시 ☐ 분 ☐ 초

05

☐ 시 ☐ 분 ☐ 초

06

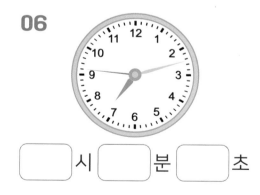

☐ 시 ☐ 분 ☐ 초

07

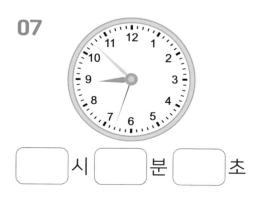

☐ 시 ☐ 분 ☐ 초

08

☐ 시 ☐ 분 ☐ 초

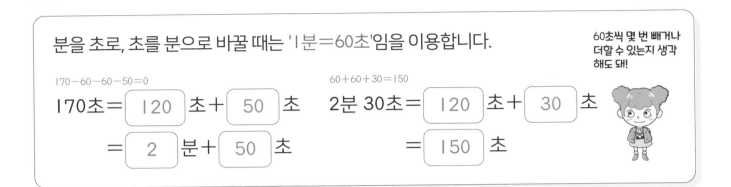

분을 초로, 초를 분으로 바꿀 때는 'I분=60초'임을 이용합니다.

60초씩 몇 번 빼거나 더할 수 있는지 생각해도 돼!

170−60−60−50=0

170초 = 120 초 + 50 초

= 2 분 + 50 초

60+60+30=150

2분 30초 = 120 초 + 30 초

= 150 초

□ 안에 알맞은 수를 써넣으세요.

01

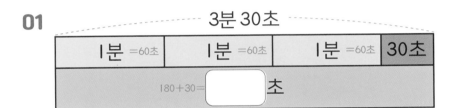

3분 30초

| I분 =60초 | I분 =60초 | I분 =60초 | 30초 |

180+30= [ ] 초

02

[ ] 분 [ ] 초

285 초

285−240

| I분 =60초 | I분 =60초 | I분 =60초 | I분 =60초 | [ ] 초 |

03

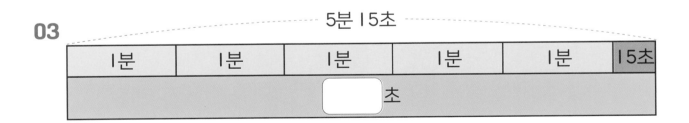

5분 I5초

| I분 | I분 | I분 | I분 | I분 | I5초 |

[ ] 초

04

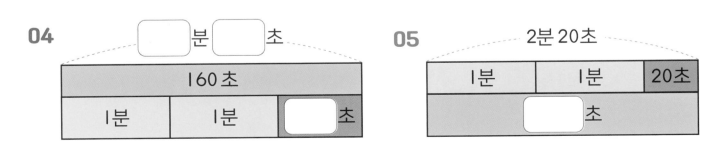

[ ] 분 [ ] 초

160 초

| I분 | I분 | [ ] 초 |

05

2분 20초

| I분 | I분 | 20초 |

[ ] 초

🔑 □ 안에 알맞은 수를 써넣으세요.

01 170초 = □초 + □초
170−60−60−50=0
= □분 + □초

02 3분 16초 = □초 + □초
60+60+60+16
= □초

03 320초 = □초 + □초
= □분 + □초

04 2분 25초 = □초 + □초
= □초

05 534초 = □초 + □초
= □분 + □초

06 6분 5초 = □초 + □초
= □초

07 4분 10초 = □초

08 275초 = □분 + □초

09 8분 45초 = □초

10 638초 = □분 + □초

11 9분 10초 = □초

12 247초 = □분 + □초

13 5분 45초 = □초

14 411초 = □분 + □초

28 Ⓐ 같은 단위끼리 더하고 빼요

작은 단위인 초부터 차례로 초는 초끼리, 분은 분끼리, 시는 시끼리 계산합니다.
시간과 시간의 계산은 시간으로, 시각과 시간의 계산은 시각으로 그 값을 나타냅니다.

어느 한 시점을 나타내는 것은 시각!
시각과 시각 사이는 시간!
다들 알고있지?

```
      5시간 │10분 │21초
   +  2시간 │15분 │19초
   ─────────────────────
      7시간 │25분 │40초
```

시간＋시간＝시간

```
      6시   │34분 │40초
   −  2시간 │11분 │13초
   ─────────────────────
      4시   │23분 │27초
```

시각−시간＝시각

🎵 □ 안에 알맞은 수를 써넣으세요.

01
```
      4 분   5 2 초
   −  2 분   1 7 초
   ──────────────────
   [  ] 분 [  ] 초
```

02
```
      9 분   3 4 초
   −  6 분   1 5 초
   ──────────────────
   [  ] 분 [  ] 초
```

03
```
      7 분     5 초
   +  6 분   1 9 초
   ──────────────────
   [  ] 분 [  ] 초
```

04
```
      1 1 시   4 7 분   1 6 초
   −  2 시간   1 2 분     8 초
   ─────────────────────────────
   [  ] 시 [  ] 분 [  ] 초
```

05
```
      4 시간   3 7 분   3 2 초
   +  3 시간   1 4 분   1 7 초
   ─────────────────────────────
   [  ] 시간 [  ] 분 [  ] 초
```

06
```
      4 시     6 분   3 8 초
   +  5 시간   2 2 분   1 5 초
   ─────────────────────────────
   [  ] 시 [  ] 분 [  ] 초
```

07
```
      6 시간   3 3 분   4 7 초
   −  3 시간   1 9 분   2 2 초
   ─────────────────────────────
   [  ] 시간 [  ] 분 [  ] 초
```

□ 안에 알맞은 수를 써넣으세요.

01
```
   9 분   58 초
 - 4 분   15 초
```
▢ 분 ▢ 초

02
```
   4 분   43 초
 - 2 분   37 초
```
▢ 분 ▢ 초

03
```
    5 분   18 초
 +20 분   26 초
```
▢ 분 ▢ 초

04
```
   5 분   37 초
 + 8 분   17 초
```
▢ 분 ▢ 초

05
```
   23 분   26 초
 +18 분    9 초
```
▢ 분 ▢ 초

06
```
   42 분   46 초
 -14 분   14 초
```
▢ 분 ▢ 초

07
```
   9 시간   28 분   20 초
 + 2 시간   14 분   31 초
```
▢ 시간 ▢ 분 ▢ 초

08
```
   4 시간   51 분   48 초
 - 3 시간   17 분   19 초
```
▢ 시간 ▢ 분 ▢ 초

09
```
   8 시    55 분   59 초
 - 3 시간   21 분   38 초
```
▢ 시 ▢ 분 ▢ 초

10
```
   7 시간   25 분   38 초
 - 3 시간    8 분   16 초
```
▢ 시간 ▢ 분 ▢ 초

11
```
   4 시    28 분   29 초
 + 7 시간   16 분   24 초
```
▢ 시 ▢ 분 ▢ 초

12
```
   5 시간   24 분    9 초
 + 4 시간   16 분   32 초
```
▢ 시간 ▢ 분 ▢ 초

시간의 덧셈에서 같은 단위끼리의 합이 60보다 크거나 같으면 초는 분으로, 분은 시로 받아올림을 합니다. 시간의 뺄셈에서 같은 단위끼리 뺄 수 없을 때에는 1분을 60초, 1시간을 60분으로 받아내림합니다.

```
        1      1                    3    15    60
      3시   19분   46초          4̸시   1̸6̸분   20초
  +   1시간  44분   37초      −   2시    16분   35초
      5시    4분   23초          1시간  59분   45초
```

시간의 계산에서는 받아올림과 받아내림의 기준이 10이 아니라 60이야!

🎓 □ 안에 알맞은 수를 써넣으세요.

01
```
   39 분   24 초
 +  4 분   58 초
   43      82
   +1  ←  −60
   □ 분    □ 초
```

02
```
   17 분   34 초
 +  7 분   49 초
   □       □
   +1  ←  −60
   □ 분    □ 초
```

03
```
   25 분   46 초
 +14 분   45 초
   □       □
   +1  ←  −60
   □ 분    □ 초
```

04
```
   44      60
   4̸5 분   11 초
 −25 분   37 초
   □ 분    □ 초
```

05
```
   □       □
   27 분   16 초
 −14 분   28 초
   □ 분    □ 초
```

06
```
   □       □
   42 분   48 초
 − 8 분   53 초
   □ 분    □ 초
```

07
```
   2 시간   45 분   18 초
 + 3 시간   44 분   23 초
   □        □       □
       +1  ←  −60
   □ 시간  □ 분   □ 초
```

08
```
   □        □
   11 시   17 분   36 초
 − 5 시간  38 분   25 초
   □ 시    □ 분    □ 초
```

😊 □ 안에 알맞은 수를 써넣으세요.

01
```
    7 분   33 초
 + 18 분   45 초
```
▢ 분 ▢ 초

02
```
  17 분   26 초
+ 24 분   53 초
```
▢ 분 ▢ 초

03
```
  11 분   11 초
 - 8 분   13 초
```
▢ 분 ▢ 초

04
```
  36 분   42 초
- 21 분   54 초
```
▢ 분 ▢ 초

05
```
  12 분   39 초
+ 16 분   55 초
```
▢ 분 ▢ 초

06
```
  21 분   39 초
 - 5 분   45 초
```
▢ 분 ▢ 초

07
```
  10 시간    4 분   16 초
 - 5 시간   16 분   54 초
```
▢ 시간 ▢ 분 ▢ 초

08
```
   9 시간   23 분   27 초
 -         38 분   53 초
```
▢ 시간 ▢ 분 ▢ 초

09
```
   4 시     11 분   30 초
 + 6 시간   51 분   46 초
```
▢ 시 ▢ 분 ▢ 초

10
```
   8 시간   46 분   34 초
 - 1 시간   50 분   48 초
```
▢ 시간 ▢ 분 ▢ 초

11
```
   3 시간   42 분   51 초
 + 1 시간   26 분   21 초
```
▢ 시간 ▢ 분 ▢ 초

12
```
   9 시     44 분   59 초
 + 3 시간   29 분   37 초
```
▢ 시 ▢ 분 ▢ 초

계산하세요.

01
```
   36 분  11 초
 + 12 분  55 초
─────────────
      분     초
```

02
```
   39 분  41 초
 − 16 분  35 초
─────────────
```

03
```
   16 분  33 초
 + 13 분  50 초
─────────────
```

04
```
   19 분  16 초
 + 37 분  34 초
─────────────
```

05
```
   39 분  36 초
 − 11 분  56 초
─────────────
```

06
```
   27 분  21 초
 + 14 분  42 초
─────────────
```

07
```
    7 시   51 분  19 초
 −  5 시   57 분  13 초
────────────────────────
      시간      분      초
```

08
```
   10 시간  48 분  30 초
 −  5 시간  29 분  38 초
────────────────────────
```

09
```
    6 시간  19 분  12 초
 +  4 시간  48 분  29 초
────────────────────────
```

10
```
    9 시   46 분  50 초
 −  2 시간  53 분  44 초
────────────────────────
```

11
```
    4 시간  16 분  51 초
 +         25 분  32 초
────────────────────────
```

12
```
   12 시   22 분  23 초
 −  8 시간  49 분  11 초
────────────────────────
```

🎯 계산하세요.

01
```
    6 분    9 초
-   1 분   29 초
─────────────
    분       초
```

02
```
   14 분   56 초
+   6 분   22 초
─────────────
```

03
```
   37 분   41 초
-  34 분   56 초
─────────────
```

04
```
   45 분   33 초
-  21 분   37 초
─────────────
```

05
```
    2 분    5 초
+  19 분    4 초
─────────────
```

06
```
   11 분   28 초
-   4 분   46 초
─────────────
```

07
```
    8 시   55 분   50 초
+   3 시간  40 분   39 초
─────────────────────
    시        분       초
```

08
```
    8 시간  23 분   22 초
-          11 분   49 초
─────────────────────
```

09
```
    9 시   22 분   31 초
-   3 시간  28 분   47 초
─────────────────────
```

10
```
    6 시간   6 분   48 초
-   4 시간  18 분   21 초
─────────────────────
```

11
```
    2 시간  28 분   59 초
+   4 시간  20 분   16 초
─────────────────────
```

12
```
    3 시   15 분   41 초
+   5 시간  35 분   28 초
─────────────────────
```

🔍 그림을 보고 □ 안에 알맞은 시각 또는 시간을 써넣으세요.

가로셈을 세로셈으로
바꾸어 풀면 더 정확하고
빠르게 계산할 수 있어!

01
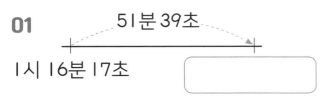

02

03

04
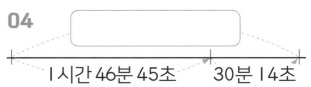

05
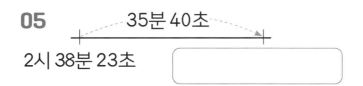

06
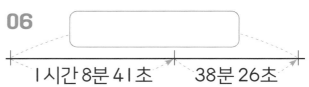

07
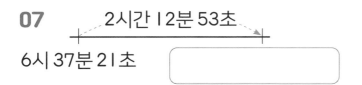

08
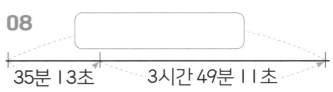

09
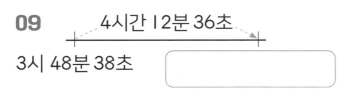

10
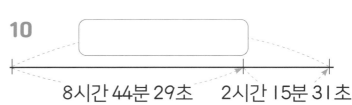

🐰 그림을 보고 □ 안에 알맞은 시각 또는 시간을 써넣으세요.

시각과 시간을 잘 구별해서 답을 쓰자!

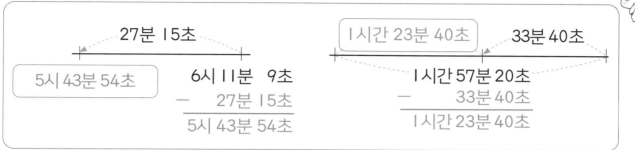

27분 15초

5시 43분 54초   6시 11분 9초
    − 27분 15초
    5시 43분 54초

1시간 23분 40초   33분 40초

1시간 57분 20초
− 33분 40초
1시간 23분 40초

01

22분 37초
55분 13초

02
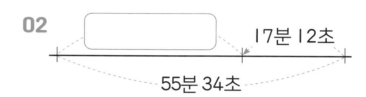
17분 12초
55분 34초

03

36분 55초
2시 17분 19초

04
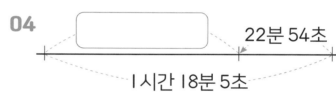
22분 54초
1시간 18분 5초

05

27분 26초
4시 30분 30초

06
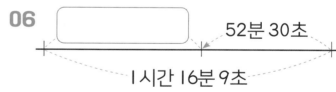
52분 30초
1시간 16분 9초

07

5시간 52분 34초
10시 23분 18초

08
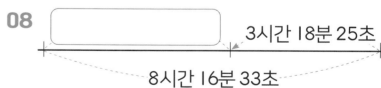
3시간 18분 25초
8시간 16분 33초

09

2시간 22분 17초
8시 57분 49초

10
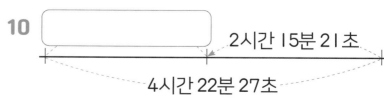
2시간 15분 21초
4시간 22분 27초

하루는 24시간이므로 오후 1시는 13시, 오후 2시는 14시, … 처럼 오후 시각을 두 가지 방법으로 나타낼 수 있습니다.

하루＝24시간

오전												오후											
1	2	3	4	5	6	7	8	9	10	11	12	1	2	3	4	5	6	7	8	9	10	11	12
1	2	3	4	5	6	7	8	9	10	11	12	13	14	15	16	17	18	19	20	21	22	23	24

24시간 단위로 표현된 오후 시각의
'시' 단위에서 12를 빼면
오후 몇 시 몇 분 몇 초로 표현할 수 있지!

	오전	9 시	35 분	20 초
+		8 시간	10 분	55 초
		17 시	46 분	15 초
	오후	5 시	46 분	15 초

17－12

✏️ 계산하세요.

01

	오전	11 시	10 분	47 초
+		9 시간	57 분	5 초
		21 시	7 분	52 초
	오후	시	분	초

02

	오전	7 시	9 분	16 초
+		9 시간	25 분	47 초
		시	분	초
	오후	시	분	초

03

	오전	10 시	13 분	31 초
+		7 시간	48 분	41 초
		시	분	초
	오후	시	분	초

04

	오전	7 시	52 분	18 초
+		7 시간	50 분	19 초
		시	분	초
	오후	시	분	초

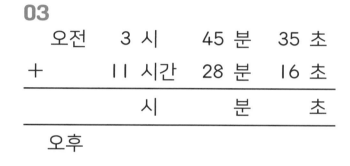계산하세요.

01

오전	5 시	54 분	35 초
+	9 시간	20 분	37 초
	15 시	15 분	12 초
오후	시	분	초

02

오전	10 시	21 분	20 초
+	5 시간	40 분	13 초
	시	분	초
오후			

03

오전	3 시	45 분	35 초
+	11 시간	28 분	16 초
	시	분	초
오후			

04

오전	5 시	36 분	40 초
+	8 시간	6 분	46 초
	시	분	초
오후			

05

오전	9 시	53 분	55 초
+	10 시간	11 분	50 초
오후	시	분	초

06

오전	6 시	34 분	45 초
+	9 시간	42 분	28 초
오후			

07

오전	7 시	57 분	37 초
+	8 시간	14 분	42 초
오후			

08

오전	4 시	55 분	37 초
+	12 시간	9 분	52 초
오후			

09

오전	7 시	43 분	12 초
+	7 시간	16 분	32 초
오후			

10

오전	7 시	35 분	50 초
+	9 시간	31 분	42 초
오후			

해가 떠 있는 낮의 길이를 구하기 위해서는 '해가 진 시각ー해가 뜬 시각'을 계산합니다.
'오후 시각ー오전 시각'을 계산할 때는 오후 시각의 '시' 단위에 12를 더하여 계산해야 합니다.

계산을 쉽게 하기 위해
오후 시각을 24시간
단위로 바꾸자!

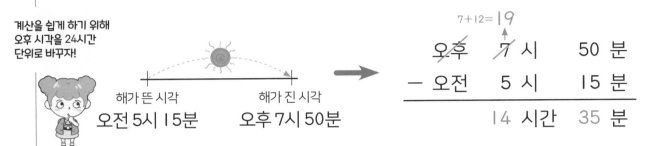

해가 뜬 시각
오전 5시 15분

해가 진 시각
오후 7시 50분

7+12=19

오후	~~7~~	시	50	분
ー 오전	5	시	15	분
	14	시간	35	분

🔑 그림을 보고 하루 동안의 낮의 길이를 구하세요.

01

해가 뜬 시각
오전 5시 15분 30초

해가 진 시각
오후 7시 50분 40초

	19			
오후	~~7~~ 시	50 분	40 초	
ー 오전	5 시	15 분	30 초	
	시간	분	초	

02

해가 뜬 시각
오전 6시 31분 21초

해가 진 시각
오후 8시 1분 16초

오후	~~8~~ 시	1 분	16 초	
ー 오전	6 시	31 분	21 초	
	시간	분	초	

03

해가 뜬 시각
오전 4시 39분 17초

해가 진 시각
오후 8시 22분 38초

오후	~~8~~ 시	22 분	38 초	
ー 오전	4 시	39 분	17 초	
	시간	분	초	

04

해가 뜬 시각
오전 6시 46분 9초

해가 진 시각
오후 5시 47분 25초

오후	~~5~~ 시	47 분	25 초	
ー 오전	6 시	46 분	9 초	
	시간	분	초	

🖋 계산하세요.

01

오후	4̶ 시	56 분	20 초
− 오전	8 시	51 분	43 초
	시간	분	초

02

오후	1̶ 시	35 분	21 초
− 오전	4 시	43 분	41 초
	시간	분	초

03

오후	8 시	34 분	54 초
− 오전	4 시	31 분	11 초

04

오후	5 시	10 분	33 초
− 오전	6 시	51 분	15 초

05

오후	5 시	51 분	15 초
− 오전	8 시	55 분	42 초

06

오후	4 시	42 분	45 초
− 오전	10 시	47 분	17 초

07

오후	9 시	11 분	3 초
− 오전	7 시	25 분	17 초

08

오후	5 시	32 분	22 초
− 오전	2 시	24 분	50 초

09

오후	2 시	40 분	52 초
− 오전	11 시	41 분	13 초

10

오후	7 시	52 분	45 초
− 오전	1 시	34 분	35 초

같은 날의 오전에서 오후로 넘어가는 시간의 덧셈을 계산을 할 때, 더하는 시간을 쪼개서 오전 시각을 오후 12시(정오)로 만들어 오후 시각을 구할 수도 있습니다.

12시를 만들기 위해 필요한 시간을 구하는 것이 간단할 때는 앞에서 배운 방법보다 이 방법을 사용하면 더 좋아~

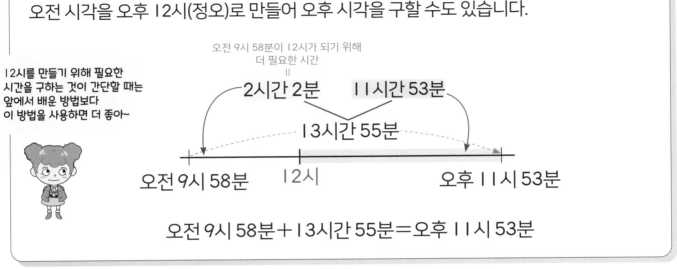

오전 9시 58분이 12시가 되기 위해 더 필요한 시간
=

2시간 2분   11시간 53분

13시간 55분

오전 9시 58분   12시   오후 11시 53분

오전 9시 58분＋13시간 55분＝오후 11시 53분

☝ □ 안에 알맞은 시각 또는 시간을 써넣으세요.

오후 12시부터 흐른 시간을 나타내는 것이니 '오후'로 표현하면 돼!

01 오전 7시 52분＋8시간 38분＝오후 12시＋ | 시간   분 | ＝오후 | 시   분 |

4시간 8분   시간   분

02 오전 4시 58분＋9시간 43분＝오후 12시＋ | | ＝오후 | |

03 오전 9시 57분＋6시간 17분＝오후 12시＋ | | ＝오후 | |

04 오전 8시 54분＋4시간 29분＝오후 12시＋ | | ＝오후 | |

🐝 □ 안에 알맞은 시각을 써넣으세요.

01
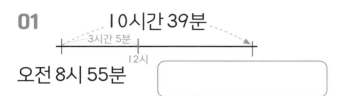
10시간 39분
3시간 5분
12시
오전 8시 55분

02
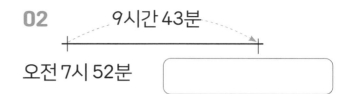
9시간 43분
오전 7시 52분

03
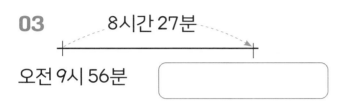
8시간 27분
오전 9시 56분

04
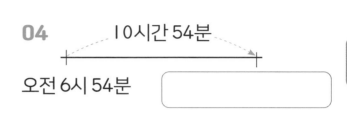
10시간 54분
오전 6시 54분

05
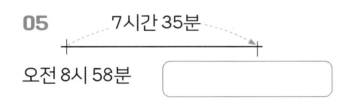
7시간 35분
오전 8시 58분

06
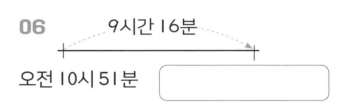
9시간 16분
오전 10시 51분

07
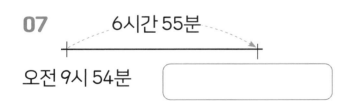
6시간 55분
오전 9시 54분

08
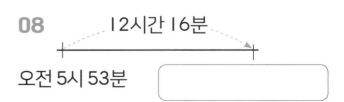
12시간 16분
오전 5시 53분

09
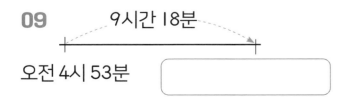
9시간 18분
오전 4시 53분

10
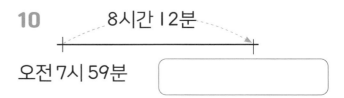
8시간 12분
오전 7시 59분

같은 날 오전 시각과 오후 시각 사이의 시간은 오후 12시(＝정오)까지 각각 얼마만큼의 차이가 있는지를 구하고 두 시간을 더하여 구할 수도 있습니다.

오전 6시 50분   12시   오후 4시 48분

5시간 10분   4시간 48분

오후 시각은 시간으로만 바꾸면 되니 더 쉽게 구할 수 있어~!

오후 4시 48분－오전 6시 50분＝4시간 48분＋5시간 10분
＝9시간 58분

🔑 □ 안에 알맞은 시간을 써넣으세요.

01

오후 6시 37분－오전 10시 55분＝6시간 37분＋〔 시간   분 〕＝〔 시간   분 〕

오후 12시－오전 10시 55분

02

오후 2시 2분－오전 9시 30분＝2시간 2분＋〔 　 〕＝〔 　 〕

03

오후 5시 24분－오전 5시 45분＝5시간 24분＋〔 　 〕＝〔 　 〕

04

오후 4시 19분－오전 7시 20분＝4시간 19분＋〔 　 〕＝〔 　 〕

05

오후 3시 33분－오전 8시 35분＝3시간 33분＋〔 　 〕＝〔 　 〕

🔍 □ 안에 알맞은 시간을 써넣으세요.

01

오전 7시 55분　　　오후 8시 27분

02
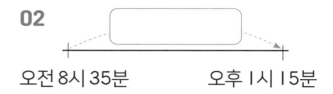
오전 8시 35분　　　오후 1시 15분

03
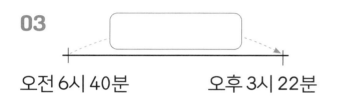
오전 6시 40분　　　오후 3시 22분

04
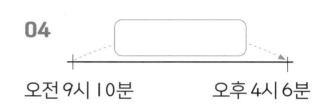
오전 9시 10분　　　오후 4시 6분

05
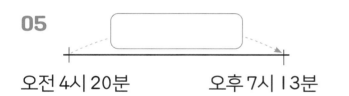
오전 4시 20분　　　오후 7시 13분

06
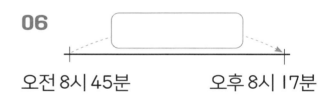
오전 8시 45분　　　오후 8시 17분

07
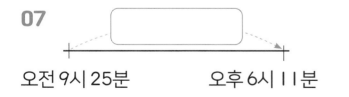
오전 9시 25분　　　오후 6시 11분

08
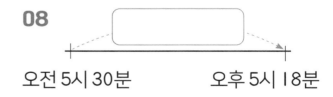
오전 5시 30분　　　오후 5시 18분

09
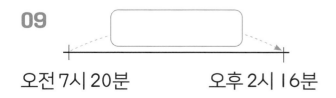
오전 7시 20분　　　오후 2시 16분

10
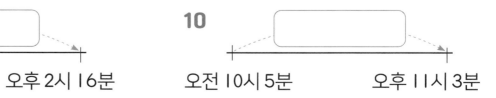
오전 10시 5분　　　오후 11시 3분

시간의 계산을 집중적으로 연습해 볼까요?

계산하세요.

[● 시간 ←60분→ ■ 분 ←60초→ ▲ 초]
이 단위 사이의 관계를 기억하며 풀어 보자~

01

| 27분 43초 |
| +18분 26초 |
| |

02

| 2시간 16분 22초 |
| + 35분 45초 |
| |

03

| 9시간 26분 12초 |
| + 57분 25초 |
| |

04

| 1시간 34분 54초 |
| +2시간 54분 10초 |
| |

05

| 9시간 14분 46초 |
| +4시간 41분 11초 |
| |

06

| 4시간 58분 48초 |
| +4시간 33분 52초 |
| |

07

| 6시간 15분 28초 |
| +3시간 25분 37초 |
| |

08

| 3시간 45분 29초 |
| +1시간 39분 42초 |
| |

09

| 오전 4시 54분 |
| + 10시간 24분 |
| |

10

| 오전 3시 53분 |
| +17시간 21분 |
| |

11

| 오전 2시 39분 |
| +12시간 31분 |
| |

12

| 오전 6시 53분 |
| + 5시간 25분 |
| |

❔ 계산하세요.

01

26분 11초
−19분 40초

↓

| |

02

3시간 37분 24초
−1시간 54분 39초

↓

| |

03

8시간 19분 39초
−2시간 52분 40초

↓

| |

04

6시간 43분 17초
−2시간 29분 16초

↓

| |

05

9시간 9분 48초
−4시간 36분 29초

↓

| |

06

11시간 17분 12초
− 3시간 21분 43초

↓

| |

07

9시간 43분 51초
−4시간 48분 21초

↓

| |

08

7시간 15분 18초
−3시간 34분 40초

↓

| |

09

오후 6시 29분
−오전 7시 45분

↓

| |

10

오후 5시 2분
−오전 10시 20분

↓

| |

11

오후 2시 23분
−오전 7시 49분

↓

| |

12

오후 2시 37분
−오전 8시 21분

↓

| |

이런 문제를 다루어요

01 □ 안에 알맞은 수를 써넣으세요.

11 cm 4 mm는 [   ] mm와 같습니다.

3710 m는 [   ] km [   ] m와 같습니다.

02 문장을 읽고, 알맞은 단위에 ○표 하세요.

준범이의 신발 치수는 약 215 [mm / cm / m / km] 입니다.

원리 초등학교 건물의 높이는 약 17 [mm / cm / m / km] 입니다.

우리 반 담임 선생님의 키는 약 168 [mm / cm / m / km] 입니다.

03 시각을 읽어 보세요.

[   ] 시 [   ] 분 [   ] 초

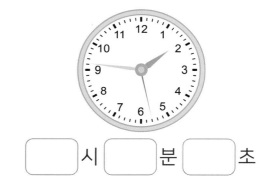

[   ] 시 [   ] 분 [   ] 초

04 계산하세요.

```
     4 시      43 분     12 초
  +  6 시간    28 분     35 초
```

```
     8 시간    13 분     29 초
  −            40 분     33 초
```

05 같은 시간끼리 연결하세요.

300초 •	• 5분
271초 •	• 4분 49초
304초 •	• 5분 4초
289초 •	• 4분 31초

06 계산하세요.

```
  1 3 km  5 0 0 m          9 cm  2 mm          1 3 km  5 0 0 m
+  1 km  8 0 0 m        −  6 cm  6 mm        −  1 km  8 0 0 m
───────────────        ───────────────      ───────────────
 ⬜ km  ⬜ m              ⬜ cm  ⬜ mm            ⬜ km  ⬜ m
```

07 소정이네 집에서 영화관까지는 15분 40초가 걸립니다. 소정이가 영화관에 가기 위해 오후 5시 55분 20초에 집에서 나왔다면 영화관에 도착하는 시각은 오후 몇 시 몇 분일까요?

답 : _____

08 세황이는 집에서부터 18 km 떨어져 있는 놀이공원에 갔습니다. 집에서 출발하여 8 km 600 m는 버스를 타고, 나머지는 택시를 타고 갔을 때, 세황이가 택시를 타고 간 거리는 몇 m일까요?

답 : _____ m

좌우가 바뀐 시계 보기

꺼진 텔레비전 화면을 통해 시계를 본 모양입니다. 지금 시각을 구하세요.